生命科学者のための
データ解析道場
全パソコン対応でスグに使える ずっと使える 第2版

坊農秀雅 著

広島大学大学院統合生命科学研究科
ゲノム編集イノベーションセンター 教授

メディカル・サイエンス・インターナショナル

Dr. Bono's Hands-On Guide to Biological Data Analysis
Second Edition
by Hidemasa Bono

© 2023 by Medical Sciences International, Ltd., Tokyo
All rights reserved.
ISBN 978-4-8157-3088-8

Printed and Bound in Japan

序文

『生命科学者のためのDr. Bonoデータ解析実践道場』（以下，道場本）を令和元年の2019年に上梓してからはや4年となる。その間にコロナウイルスの蔓延だけでなく，この本の内容を実践する「バイオインフォマティクス」の授業を持ち，リアルに「Dr. Bono道場」を実践することになっただけでなく，Dr.BonoからProf.Bonoとなり自らの研究室（bonohulab）を開くなど，大きな変化が起きた。毎年4月から8月にかけて，道場本を教科書に「bonohulab道場」を毎週開催している。早いもので，それも今年度（2023年度）で3回目となった。

その間，Windows上でLinux環境を実現するWindows Subsystem for Linux（WSL）のバージョン2であるWSL2が実用的になり，bonohulabでも複数台のシステムを維持しており実際の配列データ解析に多用されている*。また，Macに関してもCPUが独自開発のApple silicon（M1やM2とも呼ばれる）になり，Rosetta 2を介した互換性があるものの，これまでのBiocondaによるプログラムの導入方法ではうまく動かないケースが出てきた。さらにmacOSのアップデートに伴うセキュリティ対策強化の結果，有名どころのバイオインフォマティクスツールであっても「認証ソフトウェア」とはなっておらず，その結果，ダウンロードしてきて実行すると未認証としてブロックされ，これまで流布している手順ではうまくいかないことも多々起こっている。

なお，WSL2の導入の仕方は統合TVの「WSL2（Windows Subsystem for Linux 2）を導入してWindows10（11）にLinux環境を構築する」(https://doi.org/10.7875/togotv.2022.015) などを参照してほしい。

しかしながら，この状況に対応した書籍は今のところ出版されてはいない。もちろん，ネット上にはさまざま情報があり，それをうまく集めれば多くの場合解決するだろう。しかし，アップデートの激しいこの分野においては，さまざま時期に書かれた情報があふれている結果，どれを信頼して良いかの判断も難しいのが実情である。2020年代の今，2010年代よりもむしろ参入障壁は高くなっているのではないだろうか。

そこで，初版の出版以来，実に4年ぶりに参加した2022年12月の日本分子生物学会年会で道場本の改訂が可能なものか，版元であるMEDSi（株式会

社メディカル・サイエンス・インターナショナル）の編集者・星山さんと相談した。その結果，上述の状況があることを受け，「データ解析道場」として，より初心者に配慮した本として改訂版を作成することとなった。Apple silicon Macのみならず，これまでのIntel Mac，さらにはWindows（WSL2）での学習も視野にいれた本にしようと，分生の終了直後から改訂に取り組みはじめたのだが，その道のりは決して平坦ではなかった。

　まず，Apple siliconでの解決法の模索である。多くはHomebrewの併用でなんとかなったが，なんともならないプログラム（HMMERやsalmonなど）もあった。それらに対してはDockerの使用で乗り切る方策を付記した。これまでのデフォルトであったIntel Macと，それに加えて利用者の増えているWSL2での動作確認も一通り行った。また，これまで紹介していたデータベースも使えなくなっているものが複数あり（PfamやEnsembl Biomart上でのKEGGなど），それに対する対応も多数行った。この4年余りでこんなにも変わっていたのか，とその変化に驚かされた。まさに「諸行無常」である。

　改訂にあたり，bonohulabで学位取得第一号となった小野擁子博士にはJupyter Notebookのコードの実例を提供していただくなどお世話になった。また，大学院生時代に初版でデータ解析を勉強したというbonohulabの大貫永輝さんにはかつてのユーザー目線での数々の助言をいただいた。彼以外の多数の読者，特に広島大学ゲノム編集先端人材育成プログラム（卓越大学院プログラム）の「バイオインフォマティクス」の受講者には，初版の不具合に気づくきっかけを与えていただいた。最後に，実際にbonohulab道場に参加した研究室メンバーとの日常のディスカッションがヒントとなって今回の改訂でのさまざまなコンテンツになっている。ここに御礼申し上げる。

本書のX（旧Twitter）のハッシュタグは #drbonodojo

2023年初夏　梅雨明けが待ち遠しい，東広島にて

坊農秀雅

本書の使い方

　本書は，前から順に通読するのはもちろん，リファレンスとして知りたい項目のみの利用も可能である。各章の概要は以下の通りになっている。

- ●第1章「準備編」は，PCを買う際の指南から，外付けドライブのフォーマットなど生命科学データ解析向けにセットアップする際に気をつけるべきことを中心に解説した。
- ●第2章「基礎編」は，UNIXコマンドライン（シェル）を使うための基本的なことを解説した。なぜコマンドラインを使うのかから説き起こし，基本的な操作，シェルスクリプトを使ったコンピュータ操作，ネットワークを介して複数のコンピュータを操作する方法，公共データベースからのデータ取得など，生命科学データ解析に必要不可欠なスキルに関して詳細に説明している。
- ●第3章「実践編」は，6つのセクションからなり，コマンドライン処理が有効なデータ解析について説明している。
  - ○3.1 ゲノム配列解析の初歩
  - ○3.2 配列類似性検索（BLASTによる）
  - ○3.3 系統樹作成
  - ○3.4 タンパク質のドメイン解析
  - ○3.5 遺伝子発現の定量解析
  - ○3.6 データの統合解析

　ただ，第3章は前のセクションで出てきたデータやデータベース（ヒトゲノム配列やUniProtのタンパク質配列），そしてツール（おもにBLAST）を再利用しているところも多くあるので，2.5節「公共データベースからのデータ取得」は先に読んでおいて損はないだろう。本書で紹介しているコマンドラインのプログラム群は，出版時点においてApple SiliconとIntel CPUのMacとWindows10上のUbuntu（WSL2）で正しく動くものであったことを確認している。時間の経過とともに色々な不具合が出てくることは経験上知られており，そこはインターネット検索するなどさまざまな手段で乗り越えていく必要があるかと思う。

必要な PC のスペック

本書は，ヒトゲノム配列に対する翻訳しながらのBLAST検索（tblastx）などを除き，Windows PC やMacBook Airでも十分に解析可能な例で解説している。ただ，OSのバージョンが古すぎるとツールがサポート対象外で動かないこともありえるので，できる限り最新バージョンのOSで実行することをおすすめする。

Dr. Bonoが動作を確認したのは以下の3種類のMacやPCである。

1. Apple silicon Mac
   MacBook Pro（14インチ，2021）
   メモリ：64GB
   チップ Apple M1 Max
   macOS Monterey バージョン12.6.5

2. Intel Mac
   MacBook Pro（13インチ，2020）
   メモリ：32GB
   プロセッサ：2.3 GHz クアッドコア Intel Core i7
   macOS Ventura 13.3.1（a）

3. Windows PC
   メモリ：64GB
   プロセッサ：2.6GHz 6コア Intel Core i7
   Windows 10 Pro 22H2 + WSL2（Ubuntu）

必要ストレージ容量

本書で必要とするファイルは，基本的にはオリジナルのダウンロード元から取得することを推奨しているが，読者の参考のためDrBonoDojo2 GitHub（`https://github.com/bonohu/DrBonoDojo2/`）以下にもアップロードしてある。しかしながら，1つのファイルサイズが50 M byteを超えるファイルのアップロードはGitHubでは非推奨のため，それに該当する大きなサイズのファイルは除いている。

　本書で必要とするファイルを消さずにすべて溜めこんだ場合には，全部で約150 G byte になってしまうので，それ以上のストレージを準備するか，あるいは適宜ファイルを消していただきたい。中間ファイルなどの生成で一時的に容量が使われる可能性もあるので，ストレージの空き容量は余裕をもって確保しておいたほうがよいだろう。ただ，次世代シークエンサーからの配列データを多用する3.1と3.5節以外は，それほどデータ量は大きくない。

概要目次

目次

コラム目次

Dr. Bono の
データ解析 8 箇条

1. コマンドラインを恐るるなかれ！

データ解析には，遅かれ早かれ，いずれはコマンドラインによる操作が必要になる時がくる。食わず嫌いはやめて，まずは本書で試してみよう。慣れれば，便利で再現性があり，人にやさしいものである。

2. エラーメッセージに括目（かつもく）せよ！

人間は必ず間違う動物である。コマンドを打ち間違うことなんて日常茶飯事だ。エラーメッセージが出たら，読んで何を言っているか，理解するように努めよう。ただの警告で無視していいものも多くあるが，入力ミスに起因するエラーも多々ある。コマンドやオプションが正しく入力されているか，確かめよう。また，本書で紹介しているスクリプトは，自ら打ち込むよりはできる限りコピーして使おう。

3. わからないことがあったらまずググれ！

あなたがつまずいたところは，先人達も悩んだことかもしれない。まずは，インターネットで検索してみよう。先人の記録が，知恵を授けてくれるかもしれない。エラーメッセージもコピー＆ペーストで検索するだけで，解決策が見つかることもある。悩む前にまずは検索。

4. つぶやけ，されば救われん！

どうしても自分で解決できないことは X（旧 Twitter）でつぶやいてみよう。

本書のハッシュタグ **#drbonodojo** をつけることを忘れずに。ネット上の達人がヒントをくれるかもしれない。その場合,「ツイートを非公開にする」オプションをオンにした鍵アカウントではだめだ。自分は見られても,あなたのフォロワー以外には見えないからだ。公開アカウントでつぶやくべし。

5. 出力結果は目で見てチェック！

自分で書いたプログラムやスクリプトでデータを処理したら,出力結果をこまめに目で見てチェックする習慣をつけよう。プログラムにちょっとしたミスがあって,まったく意図しない出力結果となっているかもしれない。データ全部に目を通すことは難しくても,一部を見るだけでも意味はある。

6. 書きとどめよ！

教えてもらったことは,ログを残して記録しておこう。人間は忘れる動物である。未来の自分がきっと感謝するに違いない。ガリレオ・ガリレイもこう言っている：「書きとどめよ。議論したことは風の中に吹き飛ばしてはいけない」。そして,その記録はブログとして公開しよう。未来の自分以外に,後人のためにもなる可能性が出てくるからである。

7. 継続は力なり！

しばらくやらないと忘れていくので,コマンドラインでのデータ解析は継続してやっていこう。基本的な部分を忘れると,特に合わせ技が必要な高度な解析をするのに時間がかかったり,最悪の場合できなくなる。空き時間を作って,続けてコツコツと取り組んでいってほしい。

8. データを利用するときは感謝の気持ちを忘れずに！

生命科学分野では公共データベースが充実しており,データ解析には欠かせないものとなっているが,これらはデータを公開してくれる研究者,データベースをメンテナンスしてくれる人たちによって支えられている。利用に際しては,利用条件を守るとともに,感謝の気持ちを忘れないこと。

1 準備編

　手もとにコンピュータがないとデータ解析はできない。まずは環境をそろえるところから，生命科学データ解析ははじまる。

1.1　コンピュータを買おう

　データ解析環境として一番最初に必要なのは，それを行うコンピュータである。では，どんなコンピュータを使ったらよいのか？

　Windows Subsystem for Linux（WSL）が利用可能となり，そのバージョン2であるWSL2の利用が普及してきたことから，Windows環境においてもLinuxのプログラムが実行できるようになりつつある。また，仮想環境技術の発達により，コンピュータの種類を気にしなくてもプログラムを実行することが可能となっており，Windows環境でもデータ解析が可能な状況となってきている。しかしながら，Windowsマシンは買ってすぐにデータ解析ができる状態ではなく，解析可能な環境を構築する必要があるという点で，初心者にとってはハードルが高い＊。

⇨　仮想環境でのプログラムの実行については，p.57「再現する計算結果をめざして：Docker」参照。

　そこで，生命科学データ解析に取り組んでいる研究者の多くが使っているコンピュータ環境としてmacOSのコンピュータ，Macをすすめる。大学などの教員や学生であれば学生・教職員割引があり，機種によって差があるものの，割引料金でMacを買うことができるので，是非そちらを利用されるとよかろう（https://www.apple.com/jp/shop/goto/educationrouting）。

必ずしもMacでないとデータ解析ができないわけではない。Windows環境にWSL2を導入できさえすれば問題なく利用可能である。本書ではLinux（WSL2）上で実行するやり方も併記していく。

　　ただ，Macにもいろいろなタイプがある。それを以下で解説しよう。

■ デスクトップ型かノート型か

　　一般的には，計算量が多かったり，要求メモリが多い場合にはノート型よりもデスクトップ型のコンピュータのほうが適していると考えられている。スペースに余裕があることから，デスクトップ型のほうがノート型に比べて，Central Processing Unit（CPU；中央処理装置）にあるコア数やメモリを多く搭載することができるからである。コア数が多いほど，同時に実行できるプロセスが多くなるし，メモリが多いほど記憶容量が増えて大規模な計算が可能となる。

　　デスクトップ型のMacとしては，Mac Pro, Mac Studio, iMac, Mac miniがある（表1.1）。次世代シークエンサー（NGS）から得られた塩基配列をアッセンブルするなど，コア数やメモリといったコンピュータリソースが大量に必要な計算はデスクトップ型でするのがよいだろう。そのためのMacとしてはMac StudioやMac miniが適している。Mac Studioに比べて，Mac miniはコストパフォーマンスに優れているものの，ディスプレイやキーボード，マウス（もしくはトラックパッド）といった周辺機器が付属してないので，もし全く何も持っていない状態から買うのであればiMacがお勧めである。ただし，現時点では最大搭載メモリが少ないという欠点がある。

表1.1　デスクトップ型Mac（2023年4月現在）

モデル名	最大CPUコア数	CPUの種類	最大搭載メモリ(G byte)	コメント
Mac Pro	28	intel	1,536	ハイエンドでメモリも多く搭載可能
Mac Studio	20	M1	128	Apple siliconのMacのハイエンドモデルであるが，最大搭載メモリが少ないのが欠点
iMac	8	M1	16	画面一体型でスタイリッシュだが，最大搭載メモリが少ない
Mac mini	12	M2	32	CPUが最新のM2であるが，最大搭載メモリが少ない

いずれのモデルもコア数やメモリ，ストレージの容量を選ぶ必要がある。選び方に関しては本文参照。

　しかしながら，多くの生命科学データ解析はそのような重い計算をするだけで終わることはまずありえない。そこから得られた結果を生物学的に解釈する必要があるのだ。そういった用途にはいつも手もとにおいて携帯できるノート型が適しているといえよう。また，ノート型であっても最近ではかなりハイスペックなので，デスクトップ型でないと解析できないということはなくなってきている（表1.2）。

表1.2　ノート型Mac（2023年4月現在）

モデル名	最大CPUコア数	CPUの種類	最大搭載メモリ(G byte)	コメント
MacBook Pro 14/16インチ	12	M2	96	ハイエンドでメモリも多く搭載可能
MacBook Pro 13インチ	8	M2	24	ハイエンドモデルではあるが，最大搭載メモリが少ない
MacBook Air (M2)	8	M2	24	軽さが売りだが，最大搭載メモリが少ない
MacBook Air (M1)	8	M1	16	軽さが売りだが，最大搭載メモリが少ない

デスクトップ型と同じく，いずれのモデルもコア数やメモリ，ストレージの容量を選ぶ必要がある。選び方に関しては本文参照。

コラム

コアとスレッド

　コア（core）とはCPUの中核であり，実際に計算する部分のことで，表1.1や表1.2をみての通り，近年のMacは複数のコアをもつマルチコアとなっている。また，スレッド（thread）とは，thread of execution（実行の脈絡）を省略したもので，CPU利用の単位である。そして，ハイパースレッディング（hyper threading）とは，米国インテル（Intel）社が自社のマイクロプロセッサ（CPU）製品に搭載している1つのコアを擬似的に2つに見せかける技術である。M1やM2などのApple社が開発したCPUにはこの機能はない。たとえば12コアのMac Proでは，ハイパースレッディングのおかげで実行可能なスレッド数は$12 \times 2 = 24$あるようにみえる。コマンド実行時に最大スレッド数としてハイパースレッディングを考慮した値を指定可能であるが（上記の例だと24），プログラムによってはコア数にとどめておかないと（同じく12）正常に動作しないこともあるので注意が必要である。

本書で扱う多くのデータ解析は対話的に実行し，試行錯誤を繰り返すものがほとんどである。したがって，持ち運び可能なノート型のコンピュータを使うことが理想的である*。

✱

Macであれば MacBook Pro や MacBook Air ということになる。

とはいえ，ライフスタイルはさまざまであり，決まった場所でしかそういった解析をしないという人もいるだろう。そうした場合は，あり合わせのキーボードやマウス，ディスプレイはテレビと共用，といったことが可能な MacMini が初期投資が少なくて良い。あるいは，ハイスペックの Mac Studio で NGS データ解析も含めてやれるように，ということもよいだろう。

▌基本満タン

ストレージにしてもメモリにしても，その時点で積めるだけ最大の容量を選ぶのが定石である。それは，時間とともに手持ちのデータが蓄積し，さらに巨大化していくからである。また，新しい機種が出てきた際に，それらの容量はどんどん増えていくものなので，現時点で積める容量 max にするようにする。

ただ，それは**予算に合わせて**の話である。データ容量に比例して価格が高くなるのは当然であるが，それを超えて高くなる場合に，その性能を求める必要があるかどうか。かつてはメモリの値段が高く，そのような議論をすることが多かったが，最近では内蔵のストレージである Solid State Drive（SSD）に関してどれぐらいの容量を買うべきか，で頭を悩ますようになってきている。それに関しては以下で議論する。

▌優先順位は CPU よりもメモリの方が高い

CPU の進化は頭打ちになっており，年々 CPU のクロック数が高くなるということはなくなってきている。そこで，CPU のコア数を増やすことによる並列計算によって計算時間の短縮が図られているのが現状である。生命科学分野においては待てばできる計算というのが多いということもあって，CPU のクロック数はそれほど問題にならない。計算時間は長くても待てば終わるものの，**ストレージやメモリはそれがなければ計算が実行できないからである**。言い換えると，問題になるのは，以下に述べるストレージの容量やメモリの大きさである。

　ストレージがないとそもそもデータを保存しておくこともできない。他の分野に比べて，生命科学系では多くのストレージが必要になることが多い。それは，自ら産生するデータ量が大きいことに加えて，利用可能な公共データも多く，それらを取得してきて再利用しようとするとさらに大容量のストレージが必要になるからだ。内部ストレージとして最近採用されている SSD にすべてのデータがおさまりきらないことが NGS データ解析をすると簡単に起こる。だが，ストレージは外付けディスクで継ぎ足すことが可能である。もちろん，内部ストレージの SSD に比べればディスクアクセスは決して速くはないが，USB3 対応の外付けディスクはそれほど遅いというわけではない。

　しかしながら，メモリは後から足すことは困難なことが多い。また，メモリを足す場合は元からあったものを取り去って，より容量の大きいものにつけ替えることが多く，ストレージの場合と異なりつけ足すということはほとんどできない。

　それゆえ，**メモリはできる限り購入時に満タン，それが予算的に無理であれば予算の許す限り積む**ことを推奨する。

1.2　コンピュータをセットアップしよう

　最新のコンピュータは買った時点から設定が行き届いていて，改めて自分で設定すべき事項がほとんどない。その中でもセットアップしたほうがよいポイントについて本節で紹介する。

■ ネットワーク設定を確認せよ

　2023 年現在，コンピュータにネットワーク設定情報を伝達する仕組み（Dynamic Host Configuration Protocol：DHCP）のおかげで，ユーザはネットワークの設定をほとんど意識しなくてもインターネットにつながるようになっている。各コンピュータには IP アドレス（Internet Protocol address）が割り振られ，その番号は接続しているネットワーク（Local Area Network：LAN）の中では他の機器と同じものはなく，ユニークになっているはずである。外部に接続するためには，自分のコンピュータから「ルーター」と呼ばれる外部とつながっているネットワーク装置の IP アドレスを知らなけ

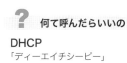

何て呼んだらいいの
DHCP
「ディーエイチシーピー」

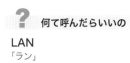

何て呼んだらいいの
LAN
「ラン」

図1.1 ネットワークの設定 macOS Ventura 13.2.1で「システム設定」から「Wi-Fi」を選択し、接続するアクセスポイントに接続すると出てくる「詳細」をクリックしたときの画面。この例の場合、IPアドレスは、**192.168.61.252**となっている。

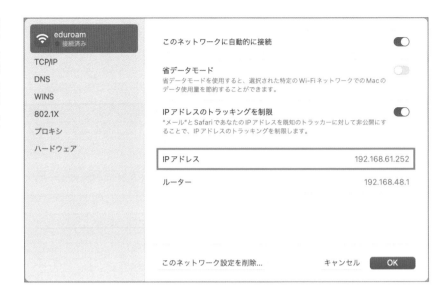

れぱならないが、それも DHCP によって自動的に設定される。

また、インターネット上のアドレス〔Uniform Resource Locator（URL）や Uniform Resource Identifier（URI）と呼ばれる〕は、そのままでは IP アドレスがわからないので、それを Domain Name System（DNS）を使って IP アドレスに変換する（「解決する」ともいう）。それをやってくれる DNS サーバーの IP アドレスを設定する必要があるが、それも DHCP によって自動的に設定される。

全て自動になっているものの、ネットワークトラブルの際に何が原因かを突き止めるためにこの最低限の知識を身につけておくと役に立つであろう（図 1.1）＊。

？ 何て呼んだらいいの

URL
「ユーアールエル」
URI
「ユーアールアイ」
DNS
「ディーエヌエス」

＊
Windows 10では、バージョンによって少々異なるが、スタートメニューの「設定」→「ネットワークとインターネット」の「状態」で「プロパティ」をクリックするとIPv4アドレスが確認できる。

▌ 自動的にスリープさせない設定にすべし

省エネルギーのため、デフォルトではしばらくキーボードやマウスを使ってないとスリープする設定になっている。長く時間のかかる計算を仕込んだ場合、キーボードやマウスを使っていなくてもコンピュータは動き続けていることがままある。そのため、自動的にはスリープにならない設定をしておく必要がある。

図1.2　自動的にスリープさせない設定　macOS Venture 13.2.1で「システム設定」から「ディスプレイ」を選択したときの画面。

具体的には，macOS Ventura 13.2.1 の場合，「システム設定」から「ディスプレイ」を選択し，「詳細設定」を選択した時に出てくる小ウインドウで，「電源アダプタ接続時にディスプレイがオフになっても自動でスリープさせない」にチェックを入れる（図 1.2）*。

Windows 10では，バージョンによって少々異なるが，スタートメニューの「設定」→「システム」→「電源とスリープ」で「次の時間が経過後, PCをスリープ状態にする（電源に接続時）」を「なし」に設定することで同等の状態にできる。

■ 有用ユーティリティを常駐させるべし

最初からインストールされているにもかかわらず，「アプリケーション」フォルダ内にはないのだが，生命科学データ解析ではよく使うアプリケーションがある。それが，**ターミナルとアクティビティモニタ**である*。これらは「アプリケーション」フォルダの中にある「ユーティリティ」というフォルダの中にある（図 1.3）。

ターミナルは，次章から基本これを中心に使うというぐらい，コマンドラ

Windows 10では，それぞれ「Ubuntu」と「タスクマネージャー」が同等の機能を果たす。なお「Ubuntu」はWSL2をインストールするとスタートメニューに追加され，「タスクマネージャー」はスタートメニューの「Windowsシステムツール」フォルダの中に入っている。

図1.3　有用ユーティリティ
「アプリケーション」の「ユーティリティ」にある「ターミナル」と「アクティビティモニタ」。

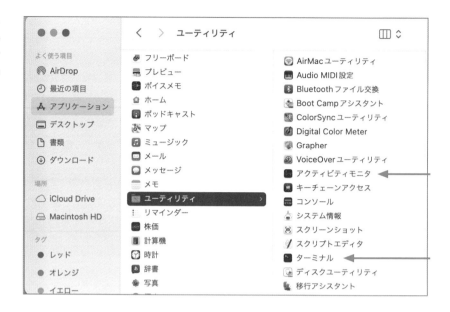

イン操作に必要不可欠なアプリケーションである。また，アクティビティモニタは現在のコンピュータの状態がどうなっているかを知るためによく使うアプリケーションである。コンピュータの状態とは，CPU を占有しているプログラムが何か，メモリを激しく使用しているプログラムは何か，ネットワーク通信が現在どれぐらい行われているかなどで，データ解析する際には常に把握しておかないといけない情報である。これらに関しては著者 Dr. Bono は常駐（常に起動するように）している。

　「システム設定」から「一般」を選択したときに出てくる「ログイン項目」タブでアプリケーションを選択しておくと，コンピュータを起動したときに同時にアプリケーションが起動してくれるようになるので，設定しておくとよい（図 1.4）＊。

Windows 10でも，アプリケーションを自動起動することは可能である。

図1.4　自動起動設定「システム環境設定」から「ユーザとグループ」で「ターミナル」や「アクティビティモニタ」をログイン時に自動的に起動するようにする。

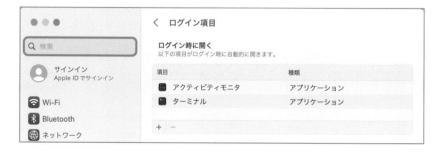

その他，Dr. Bono も自動起動設定しているアプリとして，デスクトップに付箋のようにメモを張りつけておくことができるスティッキーズがある。これはふと浮かんだアイデアや，今後も使いたいコマンドとそのオプションなどをその場で忘れないうちに保存しておくのに最適である。

1.3 周辺機器の設定

■ 外付けドライブは買ったらすぐフォーマットすべし

最近では，コンピュータ本体のシステム起動ディスクはハードディスクではなく，Solid State Drive（SSD）が普通となっている。SSD はハードディスクのようにディスクを回転させるものではなく，データアクセスが速い。しかしながら，同じ容量のハードディスクに比べて高く，容量が大きいものは非常に高価である。

そのため記憶装置として追加で外付けドライブ，特に外付けハードディスク（HD）を使うことになる。USB3 の登場によって外付け HD のデータへの読み書き速度が著しく向上しており，データ解析でも十分に利用可能だ。また，外付けドライブとして，高価ではあるが SSD ももちろん利用可能であるほか，容量が小さいものが多いものの USB メモリも利用可能だ。

これらのストレージは，使う前にフォーマットする必要がある。購入時にすでにフォーマットされているのだが，おそらくは FAT32 や NTFS という Windows での使用に最適化されたフォーマットとなっている。それを変更しないと macOS では使えない。特に NTFS の場合，macOS からは読み込みしかできず，書き込むことができない。そこで，それを変更する必要がある。

それには，「アプリケーション」の「ユーティリティ」にある「ディスクユーティリティ」でディスクをフォーマットできる（図 1.5）*。

ディスクのフォーマットは，

1. macOS でしかそのドライブを使わないのであれば，APFS（Apple File System）

何て呼んだらいいの

FAT
「ファット」

Windows 10では，スタートボタンを右クリックして「ディスクの管理」を選択することでツールが起動し，ディスクのフォーマットができる。

図1.5 ディスクユーティリ
ティ 対象とするディスクを
選んで，上の「消去」ボタンを
クリックすると内容が消去さ
れ，フォーマットが選択でき
る。

2. macOS 以外でも読み込む可能性があるのなら，exFAT

にするのがよい。かつて macOS では「Mac OS 拡張」が広く使われてきたが，最近では APFS というフラッシュメモリ（USB メモリ）や SSD に最適化されたフォーマットが広く使われている。

　未使用のディスクの場合は問題ないが，すでにデータが入ったディスクをフォーマットする際には貴重なデータをうっかり消去してしまわないよう，十分注意が必要である。

■ バックアップをとるべし

　macOS にはバックアップをとる仕組みがデフォルトで用意されている。それが Time Machine である。「システム設定」から「Time Machine」を選んで設定すると利用開始できる（図 1.6）＊。

　データ量の多さにもよるが，初回のバックアップはとても時間がかかることもある。2 回目以降は差分更新となるため，前回から変更があったファイルのみが対象となるので，それほど時間はかからない。ディスクがいっぱいになったら古いバックアップを自動的に消していってくれる優れたバックアップの仕組みとなっている。

　うっかりファイルを消してしまったときには復元したい項目のウインドウを開いてから，「アプリケーション」フォルダ内の「Time Machine」を起動し，

Windows 10 では，システム内蔵のファイルのバックアップ機能として，「ファイル履歴」が用意されている。なお，Windows では起動しなくなった時に備えてシステムの復元が可能となるように「復元ポイント」の作成を事前に行なっておくことをおすすめする。

図1.6　Time Machine　対象とするディスクを選んで, Time Machine用のハードディスクに設定する。

失われたファイルを探して復元する。

2 基礎編

　本章では，配列データをはじめとした生命科学データを取り扱うための道具として必要不可欠な UNIX コマンドラインに関して詳細に解説する。使いこなすために必要な知識も併せて説明していく。十分な説明を加えてあるが，書面ではどうしても基本的なことしか書けない。いちいち「インターネット検索するように」とは書いてないが，適宜検索して知識を補ってほしい。

　一通りざっと読み，第 3 章に進んだのちにわからなくなったら適宜戻って詳細な使い方を知るといった読み方をするとよいだろう。

2.1　UNIX コマンドラインを使ってみよう

　UNIX コマンドラインは，文字ベースのユーザインターフェース（command line interface：CLI）である。普段よく使われている macOS の Finder や Safari などのマウスで操作が可能なグラフィカルユーザインタフェース（graphical user interface：GUI）と比較して，とっつきにくそうなイメージをもたれる傾向がある。しかしながら，実は，UNIX コマンドラインは生命科学データ解析をする上ではとても便利なのだ。その便利な点を以下で披露しよう。

? 何て呼んだらいいの

CLI
「シーエルアイ」
GUI
「グイ」

■ ビッグデータ対応

　端的にいえば，CLI を勧める理由は，巨大なデータ（ビッグデータ）が素早く扱えるようになるからである。生命科学データ解析で扱うビッグデータ

⇨　巨大なデータの解析については，p.163「3.5 トランスクリプトーム解析」の「query 配列の取得とその処理」を参照。

? 何て呼んだらいいの

NGS
「エヌジーエス」

とは，例えば次世代シークエンサー（next generation sequencer：**NGS**）から得られる塩基配列データなどがそうだ。1 つのファイル当たり数 G byte もあってファイルサイズが巨大で，データファイルのアイコンをダブルクリックして起動するテキストエディットなどの簡易なテキストビューワーで開くことは不可能である。それは，開くファイルの中身をいったんすべてメモリに入れて編集する仕様になっているからである。ビッグデータを扱う場合には，扱うファイルサイズがコンピュータのメモリ容量をはるかに超えてしまうこともあるのだ。

　そのような**ビッグ**データであっても，コマンドラインだと容易にデータ処理することが可能である。扱う 1 つのファイルのデータサイズが数 G byte から数十 G byte となる NGS データ解析において，このような特徴が活用されている。

▌ 時間節約

　生命科学データ解析では 1 つの解析に長い時間がかかることが多い。GUI によるデータ処理であっても計算量が多いと時間がかかり，次の処理まで待たないといけないことが多い。つまり，その処理が 1 つ終わるのを待って，それから次の新たなジョブを投入しなければならない。例えば，100 個ぐらいの塩基配列に対して BLAST 検索を 1 回ずつ実行する操作などがそれである。

◁ BLAST 検索については，p.102「3.2 配列類似性検索」を参照。
◁ バッチスクリプトについては，p.51「バッチスクリプト」を参照。

　それが CLI だと，連続処理するようにバッチスクリプトを組めば，その都度ジョブを投入する必要はない。つまり，1 度データを投入したらあとはほったらかしでよく，コンピュータの前につきっきりになる必要はない。結果として，人の手は空く。別の仕事に取り組んだり，休憩時間にしたり，並列にこなすことができる。

　このように，CLI を使いこなせるようになると時間を上手に使えるようになるわけだ。

▌ 繰り返し処理

　時間節約と似たメリットだが，CLI は繰り返しに強い。それによって劇的に省力化される。例えば，塩基配列データベースから指定した配列を繰り返し，

通し番号で取得する場合がそれである。その間に人間が介在することなくデータ処理をすることが，CLI なら簡単にできる。

➡ 繰り返し処理によるデータ取得については，p.75「2.5 公共データベースからのデータ取得」の「繰り返し処理によるデータ取得（通し番号編）」を参照。

▍必要性

最後に，CLI でないと実行できない，CLI が必要不可欠な状況も存在する。さまざまなアプリケーションが GUI で使える工夫がなされているとはいえ，多くの生命科学データ解析のためのソフトウェアは CLI でないと使えない。特に，NGS データを扱うソフトウェアは CLI でしか処理ができないことがほとんどである。

例えば，NGS のデータベースの Sequence Read Archive（**SRA**）から指定した配列を取得して，データを展開（p. ●，「2.5 公共データベースからのデータ取得」参照），RNA-seq データ解析プログラムにかけるなどの処理がまさにそれである。

何て呼んだらいいの

SRA
「エスアールエー」

➡ RNA-seqデータ解析については，p.163「3.5 トランスクリプトーム解析」の「リファレンス配列情報を利用したRNA-seqデータ解析手法」を参照。

▍再現性

同じ処理を別のデータで実行する状況は多い。その際に，前に実行した手順をコマンドラインスクリプトという形で保存しておくと，すぐに同じ処理を行うことができる。これは大きな利点で，GUI だと手順を思い出して 1 つずつマウスによる手作業が必要となるのが，CLI だとスクリプトの引数を替えて実行するだけで同じ処理を瞬時に実行することができる。

そのため，**CLI が使えないと生命科学データ解析はできない**のである。

Dr. Bono から

ラボノートをとるかのように，実行したコマンドを記録する癖をつけておくと良い。

2.2　コマンドラインの基本操作

第 1 章でも紹介したとおり，「アプリケーション」フォルダの中に「ユーティリティ」というフォルダがあり，その中に「ターミナル」というアプリケーションがある＊。それをダブルクリックすると，UNIX コマンドラインを使うための「ターミナル」が起動する。コマンドライン操作はすべて，この「ターミナル」アプリケーションから操るものであり，これ以外に追加のアプリケーションは必要ない。このターミナル（terminal）とは，通信回線などを通じ

✳

WSL2をインストールしたWindows10の場合，「Ubuntu」という名前のアプリケーションがこれに該当する。第1章のp.9参照のこと。

て他のコンピュータなどに接続し，もっぱら情報の入力や表示などをする機器の意味で，日本語では「端末」と呼ばれる。起動した「ターミナル」はプロンプトが表示されて，あなたの入力を待っている。

■ ディレクトリとは

初期状態ではホームディレクトリ（home directory）と呼ばれるディレクトリにいる。ディレクトリとは，macOS の Finder でいうところのフォルダのことである。**bono** というユーザーの場合（私だ！），ホームディレクトリは **/Users/bono**，Linux（WSL2）の場合は **/home/bono** となる（このディレクトリの名前はそれぞれの環境で異なる）。ホームディレクトリは ~（ティルダ）という記号で表すこともできる*。

ディレクトリは入れ子構造をとることができ，ファイルツリーと呼ばれる樹状の構造となっている。その一番根っこはルートディレクトリ（root directory）と呼ばれ，/（スラッシュ）として表現される。根っこという表現をしているが，UNIX の世界ではこれが植物とは真逆で，一番上の階層という考え方をしている。そのルートディレクトリの下にあるディレクトリに，**Applications** や **Users** がある*。さらに **Applications** ディレクトリの配下には **Utilities** ディレクトリなどがある（図 2.1）。

```
/Applications
/Applications/Utilities
/Users
/Users/bono
（以下略）
```

ユーザー bono のホームディレクトリ（**/Users/bono**）の下には **Documents** という Finder では「書類」という名前のフォルダ，同じく **Downloads** という Finder では「ダウンロード」という名前のフォルダがあり，Finder 上でのファイル置き場と完全に同じものである*。すなわち，「ダウンロード」はウェブブラウザでダウンロードしてきたファイルが置かれているフォルダであるが，そのフォルダが **/Users/bono/Downloads** としてコマンドライン（UNIX）の世界からはアクセスできる，ということだ。この /（スラッシュ）で区切られたフォルダの階層のことをパス（PATH）と呼ぶ。

Windows 10の「マイドキュメント」は，Linux（WSL2）の場合は
/mnt/c/Documents␣ and␣ Settings/ Hidemasa␣ Bono/My␣ Documentsにある（ユーザー名が'Hidemasa Bono'の場合）。
また，Windows 10からWSL側のディレクトリを参照したい場合には，エクスプローラのアドレスバーに「**\wsl$**」と入力する。

```
/
└── Applications
│   └── Utilities
├── Users
│   └── bono
│       ├── Documents
│       ├── Downloads
（以下略）
```

図2.1 ディレクトリの入れ子構造

macOS の場合。Linux（WSL2）の場合，ディレクトリの名前は異なるものの，ディレクトリの入れ子構造は同様である。

インストールしたばかりのWSL2の場合，ホームディレクトリ以下にはファイルやディレクトリはない。

その相互運用性を実例で披露しよう*。

```
# /Users/bono/DownloadsをFinderで開く
% open /Users/bono/Downloads
```

ここで **#** からはじまる行は以下のコマンドに対するコメントで，この行を入力する必要はない。また，その次の行頭にある **%** 記号は，この行がコマンドプロンプト行であるという意味であり，実際にはこの **%** 記号を入力するのではなく，その後のコマンドから入力する。

　無事コマンドが解釈されると，Downloads フォルダが開いて，中にあるファイルが Finder のウィンドウで確認できる。また逆に，ターミナルアプリケーションのウィンドウにその Downloads フォルダをドロップすると **/Users/bono/Downloads** というパスがコマンドライン上に表示される。このように，Finder の世界と UNIX コマンドラインの世界が同居していることが macOS の便利な特徴である*。

ディレクトリ操作のコマンド

　コマンドラインによる操作では，その名の通り，コマンドによって行いたい処理をコンピュータに伝えるため，コマンドを知らないと何もできない。そこで，生命科学データ解析に必要な基本的なコマンドを解説していく。まずはディレクトリ操作のコマンドから紹介しよう。

　cd（change directory の意味）コマンドを何も引数を与えないで実行したとき，今いるディレクトリ（カレントディレクトリ（current directory）やワーキングディレクトリ（working directory）と呼ぶ）がホームディレクトリに移動する。

```
# ホームディレクトリに移動
% cd
# 現在いるディレクトリを表示
% pwd
/Users/bono
```

　pwd（print working directory の意味）は現在いるディレクトリを表示す

Dr. Bono から

コマンドライン先頭の%記号は，その行がコマンドラインであることを示す記号なので，実際にコマンドを試すときには入力しない。　は1byteのスペース（半角スペース）を意味する。

WSL2を使うことで，Windows 10でも同様の環境を実現することができる。

何て呼んだらいいの

cd
「シーディー」

それって何だっけ

コマンド引数
コマンドを実行する際に，コマンド名の後に続けて入力した文字列はパラメータとしてプログラムに渡される。このようなプログラム起動時に渡されるパラメータのことをコマンド引数，あるいは，単に引数と呼ぶ。

何て呼んだらいいの

pwd
「ピーダブリューディー」

るコマンドで，この例の場合，ホームディレクトリにいるので，**/Users/
bono** と表示される。

新たにディレクトリを作成するには **mkdir**（make directory の意味）コ
マンドを使う。また逆に **rmdir**（remove directory の意味）コマンドで消
去することができる。その場合，消したいディレクトリの中身が空っぽになっ
ていないとエラーとなり，ディレクトリを消し去ることはできない。

何て呼んだらいいの

mkdir
「エムケー ディア」
rmdir
「アールエム ディア」または
「リムーブ ディア」

```
# hogedという名前のディレクトリを作成
% mkdir hoged
# hogedという名前のディレクトリを消去
% rmdir hoged
```

コマンドライン操作においては，**現在どのディレクトリにいるのかを常に
意識して**ファイル操作をする必要がある。

ディレクトリは一見するとファイルと区別がつかなくなるため，ディレク
トリであることを明示するために最後に **/** をつけることがある。これの有無
は基本的な操作では特に違いが生じないが，これによって動作が変わるコマ
ンドもあるので要注意（例えば **rsync**）。

⬅ **rsync** については，p.61
「rsync」を参照。

ファイルとディレクトリの違いがわかるように，以下で説明する **ls** は **-F**
オプションをつけて使うことが非常に多い。このオプションをつけると，ディ
レクトリは最後に **/** がついて区別される。

それって何だっけ

コマンドオプション
コマンド名の後ろに付加す
る文字列。そのコマンドの
実行内容を選択したり調節
したりできる。
コマンドオプションは，た
いてい -（ハイフン）記号を
つけて指定する。

```
# ファイルとディレクトリを区別してリスト表示
% ls -F
```

コラム

絶対パスと相対パス

パスには2種類あり，**/** ではじまるパスのことを「絶対パス」と呼ぶ（例：
/Users/bono/Documents/）。また，以下で多用する **/** でははじまらない，
カレントディレクトリから相対的な位置で指定するやり方を「相対パス」と呼
ぶ。上の例を相対パスで表すと，カレントディレクトリがホームディレクトリ
（**/Users/bono**）の場合，**Documents/** となる。

▌ ファイル操作

ディレクトリの中には通常，複数のファイルが存在する。それらのファイルを操作するのはコマンドラインの基本中の基本なので，つぎはそれらのコマンドを紹介する。

基本コマンド

もっともよく使うコマンドは **ls**（list の意味）で，カレントディレクトリにあるファイルやディレクトリを表示するコマンドである。いちいちファイルツリー上のファイルについて常に把握しているわけではないので，しばしば実行する。

```
# カレントディレクトリのファイルやディレクトリを表示
% ls -F
Desktop/     Downloads/   Movies/   Pictures/
Documents/   Library/     Music/    Public/
```

ファイルを移動するコマンドは **mv**（move の意味）で，ファイルをコピーするのは **cp**（copy の意味）である。これらの違いは **mv** するともとのファイルは消えてなくなるのに対し，**cp** ではコピーが作られるだけでもとのファイルに変化はない。

```
# この本用のディレクトリdatadojoを作成
% mkdir datadojo
# datadojoディレクトリに移動する
% cd datadojo
# 空っぽのファイルhoge.txtを作成
% touch hoge.txt
# hoge.txtをhoge2.txtに移動（ファイル名変更）
% mv hoge.txt hoge2.txt
# 確認（元のファイルは消えている）
% ls
hoge2.txt
# hoge2.txtを消去，空っぽのhoge.txtを作成
% rm hoge2.txt
% touch hoge.txt
```

? 何て呼んだらいいの

ls
「エルエス」

? 何て呼んだらいいの

mv
「エムブイ」よりも「ムーブ」と呼ぶことが多い

cp
これも「シーピー」よりは「コピー」と呼ぶ

```
# hoge.txtをhoge2.txtにコピー
% cp hoge.txt hoge2.txt
# 確認（元のファイルは残っている）
% ls
hoge.txt     hoge2.txt
```

移動先がディレクトリの場合は，そのディレクトリの中にファイルが移動することになる。

```
# カレントディレクトリにこんなファイルがある場合
% ls
hoge.txt
hoge.md
readme.txt
# hoged/ディレクトリを作成
% mkdir hoged/
# ワイルドカードを使って，マッチするファイルだけ，hoged/に移動
% mv *.txt hoged/
# hoged/の中身を確認
% ls hoged/
hoge.txt
readme.txt
```

移動するファイルに ***.txt** と指定してあるのは複数のファイルを同時に移動することを意図しているからである。***** はワイルドカードと呼ばれ，すべてのファイルにマッチする特別な記号で，この場合，このディレクトリにある **.txt** で終わる名前をしたすべてのファイルが該当する。

? 何て呼んだらいいの

rm
「アールエム」あるいは
「リムーブ」

ファイルを消去するコマンドは **rm**（remove の意味）で，コマンドライン上のこのコマンドは Finder でよく使うゴミ箱と違って，消去してもいいファイルとして「目印」がつけられるのではなく，即座にファイルが失われるので要注意である。

```
# hoge.txtファイルを消去
% rm hoge.txt
# カレントディレクトリにあるファイルすべてを再帰的に消去（実行する場合には注意が
必要な操作）
% rm -r *
```

⤹ は，紙面の都合で折り返されているが，コマンド入力ではその行が続くという意味

コラム

USB接続機器にコマンドラインからアクセスするには*

　USB接続でハードディスクをつなぐと，Finder上ではそのハードディスクがデスクトップ上に現れる。では，コマンドラインの世界ではどこにあるのだろうか。そのハードディスク（ボリュームといういい方もする）の名前がUSBHDD1だったとすると，それは**/Volumes/USBHDD1**にある。

　実は**/Volumes**というディレクトリの下にこういった外付けドライブは現れる*。したがって，ものすごく簡単な例として，ホームディレクトリ上にある大きなファイル**largefile.txt**をこのボリュームのUSBHDD1というハードディスクにコピーする場合は，以下のようなコマンドを実行する。

```
# /Users/bono/largefile.txtを/Volumes/USBHDD1にコピー
% cp /Users/bono/largefile.txt /Volumes/USBHDD1
```

　こうすることで，このファイルのバックアップが外付けハードディスクに作成できる。単純だがとても大事な操作で，バックアップは必ず複数取るようにすることが鉄則である。

Windows 10上のLinux（WSL2）においては，デフォルトではUSB接続機器のファイルにアクセスできない。**usbipd-win**プロジェクトによるプログラム群をインストールしてセットアップすることで利用可能となる。

UNIXの世界ではマウントされる，という。

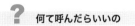
　バックアップについては，『Dr. Bonoの生命科学データ解析 第2版』のp.85「rsyncで大量のファイルやディレクトリをコピーする」も参照。

　* を単独で指定した場合には，そのすべてのファイルが該当することになる。また **-r** オプションは，再帰的に実行するというもので，この指定だとディレクトリ以下のすべてのファイルが該当することになる。それゆえに，このコマンドは今いるディレクトリ以下のすべてのファイルを消去することになる。実行する際のディレクトリによっては非常に危険なコマンドとなるので，その前に今いるディレクトリを **pwd** コマンドで確認するなど，慎重に行うべきである。

ファイルの中身をみる，探す

　ファイルの中身をみるためのコマンドは **less** で，**ls** についでよく使われるコマンドである。単純に中身を出力するだけであれば **cat**（concatenateの意味）コマンドもよく用いられる（が，**less** のように1ページごとの表示などはしてくれない）。

　ファイルの中身すべてを人の目でみることは不可能なことが多いので，検索して探すことになる。その際によく使われるコマンドが **grep** である。grep は，引数で示した文字列が含まれる行を出力する。

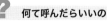
? 何て呼んだらいいの

less
「レス」
cat
「キャット」

? 何て呼んだらいいの

grep
「グレップ」

```
# hogeという文字列をfuga.txt中にあるか探す
% grep hoge fuga.txt
```

また，よく使われるのがファイルの byte 数や文字数，行数を数える **wc**（word count の意味）コマンド。

何て呼んだらいいの
wc
「ダブリューシー」

```
# 行数，単語数，byte数を数える
% wc fuga.txt
45   36 4611 fuga.txt
# 行数だけ数える
% wc -l fuga.txt
45 fuga.txt
```

何もオプションをつけないと行数，単語数，byte 数の 3 つをセットで計算するが，巨大なファイルの場合，時間がかかる。生命科学データ解析の場合，知りたいのは行数だけであることが多い。そこで，**-l** オプションを指定すると，行数だけがカウントされ，比較的早く結果が返ってくるのでおすすめである。

ファイルの権限を変更する

UNIX のファイルは，user（owner），group，all user という 3 段階で権限を設定することができる。ファイルの権限とは，読み込み，書き込み，実行の 3 つである。

```
# リストを長い形式で表示するとファイルの権限も表示される
% ls -l
-rw-r--r-- 1 bono staff 4611  1 19 18:22  hoge.sh
-r-xr-xr-x 2 bono admin 97772 12 27  2017 pigz
```

rwx で書かれているのが，それぞれ読み込み権（r：read），書き込み権（w：write），実行権（x：execute）で，上記の 3 つの対象（user，group，all）に対してその有無が設定されて，左から順に表示されている（図 2.2）。上の例では，**hoge.sh** は user に読み込み権と書き込み権が，group と all には読み込み権のみが設定されていることがわかる。

何て呼んだらいいの
chmod
「シーエイチ モッド」または
「チェンジ モード」

このファイルの権限を変更するコマンドが **chmod**（change mode の意味）

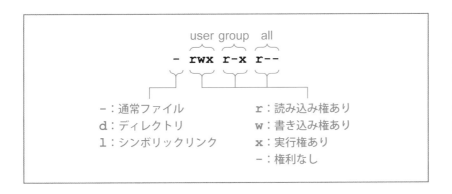

図2.2　ファイルの権限　`rwx` の文字でuser（ファイルの所有者），group（所有グループ），all（その他のユーザー）がもつ権限を示す。この例の場合，userは読み込み権，書き込み権，実行権をすべてもつが，allは読み込み権しかもたない。

である。例えば，よくやるのは

```
# hoge.shの権限を確認
% ls -l hoge.sh
-rw-r--r-- 1 bono staff 4611  1 19 18:22  hoge.sh
# 権限変更（実行権付与）
% chmod +x hoge.sh
# hoge.shの権限を確認
% ls -l hoge.sh
-rwxr-xr-x 1 bono staff 4611  1 19 18:22  hoge.sh
```

これで **hoge.sh** に実行権がつく。以下で説明するコマンドサーチパスにあっても，この実行権をつけておかないとそのコマンドは実行できないので要注意である。

　また，ファイルの所有者を変更するコマンドが **chown**（change owner の意味）である。

```
# スーパーユーザー権限でchownを実行し，hoge.shをbonoユーザーのファイルとする
% sudo chown bono hoge.sh
```

　chown を実行する前には **sudo** というコマンドをつける。これは，スーパーユーザー（super user：su）権限で実行するという意味で，管理者権限でないと実行できないコマンドを実行する際に使うコマンドである。実行する際には自分のパスワードを再度入力する必要がある。

?　**何て呼んだらいいの**
chown
「シーエイチ オウン」または「チェンジ オウナー」

?　**何て呼んだらいいの**
sudo
suがする（do）ということで，「スードゥ」と呼ぶ

ファイルやディレクトリの測定

　　ファイルサイズの大きなデータを扱う際にはディスクの空き容量を気にする必要がある。もちろん，macOS の「この Mac について」の「ストレージ」タブを参照するやり方もあるが，CLI では **df**（disk file system の意味）コマンドが多用される。このコマンドには色々なオプションがあるが，把握しやすさを考えると以下の **-H** オプションを使うことをがおすすめである。

何て呼んだらいいの

df
「ディーエフ」

```
# ディスクの空き容量チェック
% df -H
Filesystem    Size   Used  Avail Capacity iused             ifree %iused  Mounted on
/dev/disk1s1  1.0T   567G   427G      58% 1906104 9223372036852869703     0%  /
devfs         208k   208k     0B     100%     704                   0   100%  /dev
/dev/disk1s4  1.0T   5.4G   427G       2%       5 9223372036854775802     0%  /private/var/vm
# どこにあるdfコマンドを使ったかを表示
% which df
/bin/df
```

✱

最新のmacOSでは正しく表示されないこともある。

　　この出力は，このファイルシステム（**/dev/disk1s1**）はサイズが 1.1 T byte で，現在 567 G byte が使用中で，427 G byte まだ利用可能，58%の埋まり具合であるということを意味している＊。

　　また，特定のディレクトリ以下のファイル容量が知りたいというときには **du**（disk usage の意味）コマンドが便利である。このコマンドはどのディレクトリにいるときでも利用可能である。

何て呼んだらいいの

du
「ディーユー」

　　これも総計のオプション **-s** と，人にとってみやすくするオプション **-h** を足し合わせた **-sh** オプションを使うとよい。

```
# ホームディレクトリに移動
% cd
# Documentsディレクトリ以下のファイル容量を計算
% du -sh Documents
261G            Documents
```

Dr. Bono から

コマンドの処理が終わらないとき，Controlキーを押しながら c キーを押す（Ctrl-c）と，止めることができる。

　　この出力は，**Documents** 以下には総計 261 G byte のファイルがあるということを意味している。指定する引数はディレクトリでも普通のファイルでも，どちらでも構わない。ただ，ディレクトリ以下のすべてのファイルに関

して容量を計算するため，たくさんのファイルを階層下にもつディレクトリ
を指定すると，結果が返ってくるまでに時間がかかる場合があるので要注意。

ファイルの圧縮と展開

　複数のファイルは直接 **gzip** で圧縮できないので，複数のファイルを **tar**
で 1 つのファイルにまとめてから，**gzip** する。

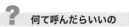
　ファイルの圧縮については，
『Dr. Bono の生命科学データ解析
第 2 版』の p.91「ファイルの圧縮」
も参照。

```
# hoge.dディレクトリ以下の内容をhoge.tarというファイルにまとめる
% tar cvf hoge.tar hoge.d
# gzipでファイル圧縮
% gzip hoge.tar
# ファイル確認
% ls
hoge.tar.gz
```

<table>
<tr><td>**?**</td><td>**何て呼んだらいいの**</td></tr>
</table>

tar
「ター」
gzip
「ジー ジップ」
gunzip
「ジー アンジップ」もしくは
「ガンジップ」

　なお，**tar** を実行する際に同時に **gzip** 圧縮することもよく行われる。

```
# hoge.dディレクトリ以下の内容を一つにまとめ，同時にgzip圧縮
% tar zcvf hoge.tar.gz hoge.d
# ファイル確認
% ls
hoge.tar.gz
```

　逆に圧縮されたファイルを展開する（解凍する，ともいう）には，

```
# gunzipで展開
% gunzip hoge.tar.gz
# tarで展開
% tar xvf hoge.tar
```

とする。もしくは

```
% tar zxvf hoge.tar.gz
```

とする。

？ 何て呼んだらいいの

bzip2
「ビー ジップ ツー」

bz2
「ビー ゼット ツー」

また，より圧縮効率のよい **bzip2** というコマンドも使われている。圧縮されたファイルの拡張子は **.bz2** となる。

```
# tarで固めたファイルをbzip2で圧縮
% tar cvf hoge.tar hoge.d
% bzip2 hoge.tar
# ファイル確認
% ls
hoge.tar.bz2
```

gzip 圧縮同様，**tar** 実行時に同時に **bzip2** 圧縮することもできる。

```
# hoge.dディレクトリ以下の内容を一つにまとめ，同時にbzip2圧縮
% tar jcvf hoge.tar.bz2 hoge.d
# ファイル確認
% ls
hoge.tar.bz2
```

巨大なファイルはディスク容量を圧迫するので，できる限り**gzip**圧縮する癖をつけよう。

ただ，多くの配列解析ツールは **gzip** 圧縮されたファイルなら圧縮されたままでも入力として受け入れられることが多いのに対して，**bzip2** 圧縮には対応していないことが多く，現状では **gzip** 圧縮にとどめておくのが得策ではないかと思われる＊。

なお，システムに最初からインストールされている **gzip** よりも，それが並列化された **pigz** を使うことを推奨する。また同様に，**bzip2** よりも並列化された **pbzip2** を使うことを同じく推奨する。処理速度が格段に速いからである。

？ 何て呼んだらいいの

pigz
「ピーアイジーゼット」

pbzip2
「ピービー ジップ ツー」

◁ **pigz**, **pbzip2**については，p.168コラム「並列版圧縮プログラム」を参照。

パイプとリダイレクト

？ 何て呼んだらいいの

echo
「エコー」

echo は単純にその後に書いてある文字列を出力するコマンドである。

```
# 引数の文字列'TCGAATGC'を表示
% echo 'TCGAATGC'
TCGAATGC
```

｜（パイプ）を用いると，その出力を別のコマンドの入力として渡すことが

できる。**sed -e 's/T/U/g'** は，文字列中の **T** を **U** に変換するコマンドである。ちなみに **sed**（stream editor の略で，セドと読む）は，入力を行単位で読みとり，sed スクリプトと呼ばれるシンプルな命令文に従ってテキスト変換などの編集を行い，そして行単位で出力するコマンドである。

```
# 引数の文字列'TCGAATGC'をsedに渡してTをUに変換して出力
% echo 'TCGAATGC' | sed -e 's/T/U/g'
UCGAAUGC
```

この出力は画面に出るものであった。それを **RNA.txt** というファイルに出力するようにするには，**>** リダイレクトを使う。

```
# 引数の文字列'TCGAATGC'をsedに渡してTをUに変換した結果をRNA.txtファイルに出
力（リダイレクト）
% echo 'TCGAATGC' | sed -e 's/T/U/g' > RNA.txt
# RNA.txtファイルの中身を確認
% cat RNA.txt
UCGAAUGC
```

結果は，**RNA.txt** というファイルにリダイレクトされる。また，**echo** コマンドを使わずに，入力をファイルの中身にすることができる。その場合は **<** リダイレクトを使う（出力とは向きが逆）。

```
# DNA.txtファイルの中身を確認
% cat DNA.txt
TCGAATGC
# DNA.txtの中身をsedに渡して（リダイレクトして）TをUに変換した結果をRNA.txtフ
ァイルにリダイレクト
% sed -e 's/T/U/g' < DNA.txt > RNA.txt
```

GitHub ファイル取得

このファイル **DNA.txt** は，**DrBonoDojo2 GitHub** の **2-2** ディレクトリに置いてある。
https://github.com/
bonohu/DrBonoDojo2/
blob/master/2-2/DNA.txt

仮にエラーがあった場合，それは標準出力のリダイレクト先である **RNA.txt** には書き込まれず，標準エラー出力として画面に表示される。それでは困ることもあるので，エラーがあった場合，その標準エラー出力は別にファイルに書き込まれるようにしたい場合には，以下のように **2>** というリダイレクトを使う。

```
# DNA.txtの中身をsedにリダイレクトしてTをUに変換した結果をRNA.txtファイルにリ
ダイレクト，エラー出力をerr.txtに保存
% sed -e 's/T/U/g' < DNA.txt > RNA.txt 2> err.txt
```

こうすることで，標準出力は **RNA.txt** に，標準エラー出力は **err.txt** に別に出力される。このような処理は解析パイプラインをワークフローとして

◁◁ 特殊な意味をもつ文字については，『Dr. Bonoの生命科学データ解析第2版』のp.73「UNIXコマンド実行上の注意点」も参照。

◁ p.102「3.2 配列類似性検索」参照。

コラム

特別な意味をもつ文字

本節でも出てきた | や >，~ はUNIX上で特別な意味をもつ。これらを通常の文字として認識させたいときには，これらの文字の前に ＼（バックスラッシュ）をつける。例えば，| を文字として検索したい場合には以下のようにする。

```
# '|'をgrep
% grep \| err.txt
```

また，最新のmacOSでは日本語入力モードだとデフォルトではバックスラッシュが入力できないようになっている。システム環境設定の「キーボード」にある「入力ソース」タブを押して出てくる画面の下のほうに「"¥"キーで入力する文字：」の設定があるので，そこで「＼（バックスラッシュ）」を選ぶと入力できるようになる（図2.3）。

図2.3　バックスラッシュを入力する設定　これを設定しないと円記号（¥）が入力される。以前なら表示は円記号となってもバックスラッシュの意味として解釈されていたが，最新のmacOSではそうではなくなっているので，この設定変更が必須である。なお，一時的に入力する場合は，optionキーを押しながら‘¥’のキーを押すと入力される。

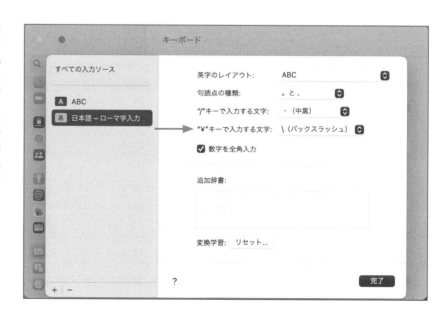

組む際などに必要不可欠である。

　リダイレクトを使う際に気をつけないといけないのが，この**リダイレクト
によって書き込まれるファイルは上書きされる**ということである。すなわち，
書き込み先のファイルがすでに存在していた場合，その内容は消えてなくな
り，新しいファイルとして今から書き足す内容だけがファイルに書き込まれ
るということだ。それでは困る場合には，追記のリダイレクト **>>** を使うこと
で回避できる。

プロセス操作

　UNIX のシステム上で実行中のプログラムはプロセスと呼ばれ，すべての
プロセスにプロセス番号が割り振られて実行される。**ps**（process の意味）
コマンドを用いて現在のシェルで実行されているプロセスを確認できる。

? **何て呼んだらいいの**

ps
「ピーエス」

```
# プロセス確認
% ps
```

　また，**top** コマンドを用いると現在システム上で動いているプロセスを動
的に閲覧できる。**top** を実行すると，今動いているプロセスが刻々とアップ
デートされていく様子が見られる。なお，終了するには q キーを押す。

? **何て呼んだらいいの**

top
「トップ」

```
# 現在動いているプロセスを動的に確認
% top
```

　ある特定のプロセスを終了させるには**kill**コマンドを使う。その場合には，
終了したいプロセスのプロセス番号を知る必要がある。例えば，**htop** という
プログラムのプロセスの終了は，以下のような手順で行う。

```
# htopという名前のプロセスの，プロセス番号を調べる
% ps -ef|grep htop
  501 34684  5708   0  7:49PM ttys003    0:00.00 grep htop
  501 34574   553   0  7:49PM ttys004    0:00.04 htop
# killでhtopプロセスを殺す
% kill 34574
```

Linux（WSL2）の Ubuntu
には最初からインストール
されている。

conda コマンドについては，
p.37「2.3 シェルプログラミング
のための環境構築」の「パッケージ
マネージャーで環境構築」を参照。

> ### コラム
>
> ## htop
>
> **htop**（エッチトップ）という，**top** をさらに便利にしたコマンドがある。
> macOS には最初から入っていないが **conda** コマンドで簡単に導入できる＊。
>
> ```
> # htopをcondaでインストール
> % conda install htop
> ```
>
> インストールされたら，以下のコマンドで起動できる。
>
> ```
> # 現在動いている自分のプロセスを動的に確認
> % htop
> ```
>
> ただ，一般ユーザーで実行するとそのユーザーが実行中のプロセスしか監
> 視できない。そこで，以下のように **sudo** をつけて管理者権限で実行すること
> ですべてのプロセスが監視できるようになる。
>
> ```
> # スーパーユーザー権限で，現在動いているすべてのプロセスを動的に確認
> % sudo htop
> ```
>
> CPU の使用率だけでなく，メモリなどの状況に関しても一目でみることが
> でき，大変便利である（図2.4）。

プロセス番号 **34684** のほうは，それを調べるために実行した **grep** のプロ
セス番号なので，これではない。また，プロセス番号は **top** やアクティビティ
モニタの CPU タブでも調べることができる。

■ シェルコマンド

UNIX コマンドラインといういい方をしてきたが，実際には bash や zsh と
いうプロセスが起動してそれを処理している。bash や zsh は**シェル**の一種で，
UNIX 本体であるカーネル（kernel）を包み込む貝（shell ＝シェル）のよう
な存在である。

Dr. Bono から

tab キーは，Mac では q キー
の左にある，矢印が刻印し
てあるキーのこと。念のた
め。

シェルがやってくれる機能として一番重宝するのが，**ファイル名補完機能**
であろう。これは途中までファイル名を入力したのちに tab キーを打つと残
りのファイル名を補完して入力してくれるというものである。

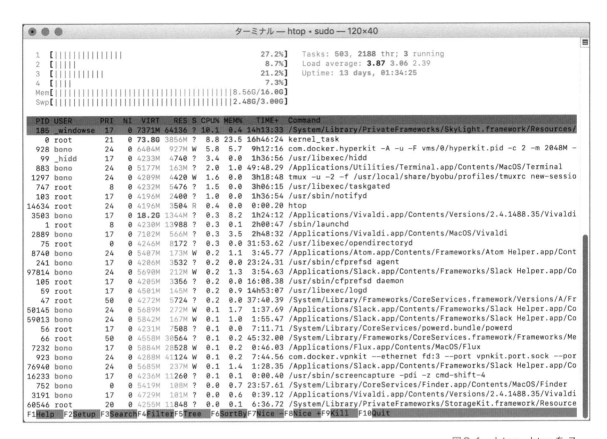

図2.4　htop　htopをスーパーユーザー権限で実行した場合の画面の例。各スレッドごとのCPUの使用率やメモリの使用状況が一目でわかる。

　また，これまでに実行したコマンドをさかのぼって参照できる**機能**もこのシェルが担っている。上矢印キーを押すと直前に実行したコマンドが出てくる。また，`history`というコマンドを実行すると，これまで実行したコマンドがリストとなって表示される。

　コマンドの前に`time`をつけて実行するとそのプロセスにかかった時間が計測できる，というのもシェルが担っている機能である

　ここで紹介したシェルコマンドはシェルが提供する機能で，いわゆるコマンドではない。普通のコマンドは，コマンドサーチパス（次項参照）という，入力したコマンドが実際に置かれているディレクトリを探しにいくためのパスのどこかに存在している。その証拠に，`which`コマンドを使ってコマンドのパスを調べると，

```
# 普通のコマンドならコマンドの置かれているパスが返ってくる
% which ls
/bin/ls
# historyのようなシェルコマンドの場合はパスは返ってこない
% which history
history: shell built-in command
```

となり，シェルコマンドではプログラムがあるパスを返してはくれない。

▌ コマンドサーチパス

前述の例外を除いたすべてのコマンドは，以下のコマンドで確認できる PATH という環境変数に書かれたパスのいずれかに存在している。環境変数 は **env** コマンドで確認できる。また，**$** をつけるとシェル上から参照できる。具体的には以下のようにする。

```
# 環境変数PATHの設定を確認
% echo $PATH
/usr/local/bin:/usr/local/sbin:/Users/bono/bin:/usr/sbin:/sbin:/bin:/usr/bin
```

この値は，コマンドサーチパスと呼ばれる。コロン（:）区切りでパスが記載されており，これらのディレクトリのうちいずれかにあればコマンドが実行可能となる。また，より前に記載されているパスにあるコマンドが優先される。例えば，BLAST のプログラム群の1つである **blastn** が **/Users/bono/bin** と **/usr/local/bin** の両方のディレクトリに存在していた場合，上記の PATH 環境変数のもとで単に

```
# blastn実行
% blastn
```

とコマンドを入力した場合，**/usr/local/bin** にある **blastn**（**/usr/local/bin/blastn**）が実行される。

いろいろなパス表記

　実は，コマンドサーチパスにないコマンドも実行できる。その場合はその
プログラムのパスをフルパスで指定する必要がある。例えば，**bam2wig** とい
うプログラム*をダウンロードフォルダ（**/Users/bono/Downloads**）にダ
ウンロードしてきたところで，それをすぐに実行してみたい場合には，

```
% /Users/bono/Downloads/bam2wig
```

BAM形式のファイルを
WIG形式に変換するプログ
ラム。この2つの形式に関
しては『Dr. Bonoの生命科
学データ解析第2版』の
p.109, p.116を参照。

のようにすれば実行できる。ただし，ダウンロードしてきたばかりのファイ
ルは，ファイル権限が正しくないので，実行権がついているかどうかをチェッ
クしておいたほうがよい。

```
% ls -l /Users/bono/Downloads/bam2wig
-rwxr-xr-x 1 bono staff 30684  8 20 21:49 /Users/bono/Downloads/bam2wig
```

　user（owner）に対して **x** がついているので，この場合は実行できる。

　また，このような **/** からはじまる絶対パスではなく，相対的な指定をする
相対パスでもよい。例えば，今ホームディレクトリにいるとして，同じくダ
ウンロードフォルダの **bam2wig** プログラムを実行したい場合には

```
% pwd
/Users/bono
% ./Downloads/bam2wig
```

と指定する。ドット（**.**）はカレントディレクトリの意味である。

　しかしながら，

```
% cd /Users/bono/Downloads
% bam2wig
```

Dr. Bono から

コマンドサーチパスにカレ
ントディレクトリを含めな
いのは，例えば，カレント
ディレクトリに **ls** という名
前の，実際の **ls** とはまった
く違うことをするコマンド
が置かれていたりすると，
それが実行されて予期せぬ
ことが起こるとまずいから
である。このように，PATH
の追加は慎重にすべきであ
る。

では実行できない。それはコマンドサーチパスにカレントディレクトリ **.** を
通常は含めないからである。

```
%  ./bam2wig
```

とする必要がある。

　配布されているプログラムは多くの場合，ディレクトリの中に同じ名前で実際のコマンドが存在する入れ子構造になっている。以下の例では **seqtk** というディレクトリの中に同じ名前で **seqtk** というコマンド＊が置かれている例である。その場合，そのディレクトリごとコマンドサーチパスのディレクトリにコピーしてもコマンドサーチパスには含まれない。コマンド本体をコピーする必要がある。

seqtkは塩基配列を相補鎖に変換するなどができるツールである。

```
%  ls /Users/bono/Downloads/seqtk/seqtk
seqtk
#  ダメ
%  cp -r /Users/bono/Downloads/seqtk /usr/local/bin
#  こうする必要がある
%  cp /Users/bono/Downloads/seqtk/seqtk /usr/local/bin
```

コラム

コマンドラインのコピー＆ペースト

　コマンドラインはすべてキーボードで打ちこまないといけないかというと，そんなことはない。もちろん，コピー＆ペーストで済ませたってまったく問題ない。そのために本書のコードのうち長くて複雑なものはGitHub（https://github.com/bonohu/DrBonoDojo2/）にアップロードしてある。しかしながら，コピー＆ペーストの際に気をつけるべきことがある。

　まず，quote（'や"）の向きがおかしくなっていないか。印刷向けの書体だとquoteが飾り文字（'，'，"，"）になってしまっていることがあり，そのままコピー＆ペーストしてもうまく動かないことがある。PDFからコピーすると，特にこれが起こりやすいようだ。

　また，--（連続した2つのマイナス）が1本の「引く」になっていることもある。これも印刷向けの処理だが，それではうまくコマンドとして認識されないので注意のほど。

2.3　シェルプログラミングのための環境構築

　本節では，シェルを使ったシンプルだが強力なプログラミングを紹介する。その前に，個別のプログラムをインストールする手段であるパッケージマネージャーを使ってデータ解析環境を構築する手段を説明する。

■ パッケージマネージャーで環境構築

　2023 年現在，バイオインフォマティクス界では Bioconda（`https://bioconda.github.io`）というパッケージマネージャーが最もよく使われていると推定される。それは，Bioconda は macOS だけにとどまらず，Linux でも利用可能だからだ。さらに，数多くのバイオインフォマティクスツールをカバーしていることも，広く利用される理由である。そこで，本書でも Bioconda の導入方法を紹介する。

> **？ 何て呼んだらいいの**
> **Bioconda**
> 「バイオコンダ」
> **Anaconda**
> 「アナコンダ」

Biocondaのインストール

　まず，Anaconda（miniconda*）をインストールする（`https://conda.io/miniconda.html`）。

　このウェブページをみての通り，macOS に限定しても CPU の種類〔Intel（x86）か Apple silicon（arm）か〕，インストーラー，Python のバージョンで複数の種類のインストーラーがあるが，ここでは執筆時点（2023 年 3 月）で最新（latest）の Python 3.10 の bash installer を選択してダウンロードする。そして，そのファイルを実行する（図 2.5）。

>
> miniconda は最小限の構成しかない軽量版の Anaconda である。

macOS installers

Python version	Name	Size	SHA256 hash
			macOS
Python 3.10	Miniconda3 macOS Intel x86 64-bit bash	43.0 MiB	bfb81814e16eb450b1dbde7b4ecb9ebc5186834cb4ede5926c699762ca69953b
	Miniconda3 macOS Intel x86 64-bit pkg	42.8 MiB	bcc0067864011a93083ff2d6fe7b29e877c1477f24ee9d34b54d0165f8b32f11
	Miniconda3 macOS Apple M1 ARM 64-bit bash	41.7 MiB	cc5bcf95d5db0f7f454b2d800d52da8b70563f8454d529e7ac2da9725650eb27
	Miniconda3 macOS Apple M1 ARM 64-bit pkg	41.4 MiB	89d893e44400f61d36daeaa9befff8219a7e0127358d904a4368b2f0ae738df0
Python 3.9	Miniconda3 macOS Intel x86 64-bit bash	43.3 MiB	d78eaac94f85bacbc704f629bdfbc2cd42a72dc3a4fd383a3bfc80997495320e

図2.5　miniconda のインストーラーのダウンロードページ（一部）

```
#  （Apple silicon macの場合）
#  minicondaのインストーラーをダウンロード
%  curl -O https://repo.anaconda.com/miniconda/Miniconda3-latest-
MacOSX-arm64.sh
#  ダウンロードしたインストーラーを実行
%  sh Miniconda3-latest-MacOSX-arm64.sh

#  （Intel macの場合）
#  minicondaのインストーラーをダウンロード
%  curl -O https://repo.anaconda.com/miniconda/Miniconda3-latest-
MacOSX-x86_64.sh
#  ダウンロードしたインストーラーを実行
%  sh Miniconda3-latest-MacOSX-x86_64.sh

#  （Linux（WSL2）の場合）
#  minicondaのインストーラーをダウンロード
%  curl -O https://repo.anaconda.com/miniconda/Miniconda3-latest-
Linux-x86_64.sh
#  ダウンロードしたインストーラーを実行
%  sh Miniconda3-latest-Linux-x86_64.sh

Welcome to Miniconda3 py310_23.1.0-1
In order to continue the installation process, please review the license
agreement.
Please, press ENTER to continue
>>>
```

WSL2上ではLinuxが起動
しているため，ダウンロード
して利用するインストー
ラーはWindows用ではなく
Linux用となることに注意。

と訊いてくるので，ENTER キーを押して続ける*。License Agreement が
表示されるので読む。スペースキーを押すと1ページごとに読み進めること
ができる。「(END)」が表示されたらそこで行末で，さらにスペースを押すと
続きが表示される。

```
===================================
Miniconda End User License Agreement
===================================

Copyright 2015, Anaconda, Inc.

All rights reserved under the 3-clause BSD License:

Redistribution and use in source and binary forms, with or without
modification, are permitted provided that the following conditions are met:
```

```
（中略）

Do you accept the license terms? [yes|no]
[no] >>>
```

と出てライセンスに同意するかどうか訊いてくる。**yes** と入力して ENTER
キーを押すとインストールがはじまる。

```
Miniconda3 will now be installed into this location:
/Users/bono/miniconda3

  - Press ENTER to confirm the location
  - Press CTRL-C to abort the installation
  - Or specify a different location below

[/Users/bono/miniconda3] >>>
```

　Miniconda3 をインストールするディレクトリを訊いてくるので，デフォ
ルト（ホームディレクトリ以下の miniconda3 という名前のディレクトリ。
著者 Dr. Bono のアカウントの場合，**/Users/bono/miniconda3** ＊）のま
までよければ ENTER キーを押してインストールを続ける。

Linux（WSL2）では
/home/bono/miniconda3
となる。もちろん，**'bono'**
の部分はアカウント名に依
存して変わる。

```
PREFIX=/Users/bono/miniconda3
installing: python-3.7.3-h359304d_0 ...
Python 3.7.3
installing: ca-certificates-2019.1.23-0 ...
installing: libcxxabi-4.0.1-hcfea43d_1 ...
installing: xz-5.2.4-h1de35cc_4 ...
installing: yaml-0.1.7-hc338f04_2 ...

（中略）

installing: urllib3-1.24.1-py37_0 ...
installing: requests-2.21.0-py37_0 ...
installing: conda-4.6.14-py37_0 ...
installation finished.
Do you wish the installer to initialize Miniconda3
by running conda init? [yes|no]
[yes] >>>
```

Miniconda3 を使うための設定を `.bash_profile` ファイルに書き込むかどうかを訊いてくるので，これもそのまま ENTER キーを押して続ける。

```
Initializing Miniconda3 in newly created /Users/bono/.
bash_profile

For this change to become active, you have to open a
new terminal.

Thank you for installing Miniconda3!
```

これで Miniconda3 を使う設定は完了で，いったんターミナルのウィンドウを閉じてシェルを再起動する。

インストールが終わったら，次の順で conda の channel＊を追加すると Bioconda が使えるようになる。

Anacondaではユーザーが独自のレポジトリを作成してanaconda.orgにそのパッケージを登録することができる。このレポジトリ名をchannelと呼ぶ。

```
# Anacondaでchannelを追加
% conda config --add channels defaults
% conda config --add channels bioconda
% conda config --add channels conda-forge
% conda config --set channel_priority strict
```

Bioconda の利用例 1：coreutils

Bioconda のウェブサイト（https://bioconda.github.io）をみると 6,000 を超えるさまざまなツールがリストされているが，まず入れるべきは，coreutils と呼ばれる基本的なツール群である。

```
# coreutilsをインストール
% conda install coreutils
Collecting package metadata (current_repodata.json): done
Solving environment: done

## Package Plan ##

  environment location: /Users/bonohulab/miniconda3
```

```
  added / updated specs:
    - coreutils


The following packages will be downloaded:

    package                    |                build
    ---------------------------|-----------------
    coreutils-9.3              |        hb7f2c08_0        1.3 MB  conda-forge
    ------------------------------------------------------------
                                          Total:        1.3 MB

The following NEW packages will be INSTALLED:

  coreutils              conda-forge/osx-64::coreutils-9.3-hb7f2c08_0



Proceed ([y]/n)?


Downloading and Extracting Packages

Preparing transaction: done
Verifying transaction: done
Executing transaction: done
```

　新たにインストールされるツール（INSTALLED: 以下）やアップデートされるツール（UPDATED: 以下）がリストアップされ，これで進めてよいか確認してくる。ENTER キーを押すとインストールがはじまる。

```
Preparing transaction: done
Verifying transaction: done
Executing transaction: done
```

　先に紹介した **df** や **du** に関して，新しい別バージョンのものが別のディレクトリ（/Users/bono/miniconda3/bin/ *）以下にインストールされる。コマンドサーチパス（環境変数 **PATH**）をみると

Linux（WSL2）では
/home/bono/miniconda3/
bin/

```
% env | grep PATH
PATH=/Users/bono/miniconda3/bin:/usr/local/bin:/usr/
bin:/bin:/usr/sbin:/sbin
```

となっており，**/Users/bono/miniconda3/bin/** が先にきているので，単に **df** と入力した際には，優先順位に従って今回インストールしたファイル（＝コマンド）が使われる。

```
# dfと入力した時に使われるコマンドのパスを確認
% which df
/Users/bono/miniconda3/bin/df
# dfコマンドを実行
% df -H
Filesystem       Size  Used Avail Use% Mounted on
/dev/disk1s1     1.1T  568G  427G  58% /
/dev/disk1s4     1.1T  5.4G  427G   2% /private/var/vm
# システムに最初から入っていたdf（/bin/以下にある）を実行
% /bin/df -H
Filesystem       Size   Used  Avail Capacity iused               ifree %iused  Mounted on
/dev/disk1s1     1.0T   567G   427G     58% 1906104 9223372036852869703     0%  /
devfs            208k   208k     0B    100%     704                   0  100%  /dev
/dev/disk1s4     1.0T   5.4G   427G      2%       5 9223372036854775802     0%  /private/
var/vm
```

このように同じコマンド名でも別のものが同じファイルシステムに複数インストールされていることがよくある。どのコマンドが実行されているのか，常に注意する必要がある。特定のパスのコマンドを実行する場合には，最後の例のようにフルパス指定するのが無難である。

Biocondaの利用例2：EMBOSS

別の例として，EMBOSS（The European Molecular Biology Open Software Suite）をインストールしてみよう。

```
% conda install emboss
Collecting package metadata (current_repodata.json): done
Solving environment: unsuccessful initial attempt using frozen solve.
Retrying with flexible solve.
Solving environment: unsuccessful attempt using repodata from current_
repodata.json, retrying with next repodata source.
Collecting package metadata (repodata.json): done
Solving environment: done

## Package Plan ##

  environment location: /Users/bonohulab/miniconda3

  added / updated specs:
    - emboss


The following packages will be downloaded:

    package                    |              build
    ---------------------------|-----------------
    emboss-6.6.0               |        h6debe1e_0        93.9 MB  bioconda
    expat-2.5.0                |        hf0c8a7f_1         118 KB  conda-forge
    font-ttf-dejavu-sans-mono-2.37|     hab24e00_0         388 KB  conda-
forge
    font-ttf-inconsolata-3.000 |        h77eed37_0          94 KB  conda-forge
    font-ttf-source-code-pro-2.038|     h77eed37_0         684 KB  conda-
forge
    font-ttf-ubuntu-0.83       |        hab24e00_0         1.9 MB  conda-forge
    fontconfig-2.14.2          |        h5bb23bf_0         232 KB  conda-forge
    fonts-conda-ecosystem-1    |                 0           4 KB  conda-forge
    fonts-conda-forge-1        |                 0           4 KB  conda-forge
    freetype-2.12.1            |        h3f81eb7_1         586 KB  conda-forge
    giflib-5.2.1               |        hb7f2c08_3          75 KB  conda-forge
    jpeg-9e                    |        hb7f2c08_3         226 KB  conda-forge
    lerc-4.0.0                 |        hb486fe8_0         284 KB  conda-forge
    libexpat-2.5.0             |        hf0c8a7f_1          68 KB  conda-forge
    libgd-2.3.3                |        h1e214de_3         239 KB  conda-forge
    libiconv-1.17              |        hac89ed1_0         1.3 MB  conda-forge
    libpng-1.6.39              |        ha978bb4_0         265 KB  conda-forge
    libtiff-4.4.0              |        h5e0c7b4_3         604 KB  conda-forge
    libwebp-1.2.4              |        hfa4350a_0          84 KB  conda-forge
```

```
      libwebp-base-1.2.4          |        h775f41a_0        385 KB  conda-forge
      zlib-1.2.13                 |        h8a1eda9_5         89 KB  conda-forge
      ------------------------------------------------------------
                                         Total:        101.4 MB

The following NEW packages will be INSTALLED:

  emboss               bioconda/osx-64::emboss-6.6.0-h6debe1e_0
  expat                conda-forge/osx-64::expat-2.5.0-hf0c8a7f_1
  font-ttf-dejavu-s~   conda-forge/noarch::font-ttf-dejavu-sans-mono-2.37-
hab24e00_0
  font-ttf-inconsol~   conda-forge/noarch::font-ttf-inconsolata-3.000-
h77eed37_0
  font-ttf-source-c~   conda-forge/noarch::font-ttf-source-code-pro-2.038-
h77eed37_0
  font-ttf-ubuntu      conda-forge/noarch::font-ttf-ubuntu-0.83-hab24e00_0
  fontconfig           conda-forge/osx-64::fontconfig-2.14.2-h5bb23bf_0
  fonts-conda-ecosy~   conda-forge/noarch::fonts-conda-ecosystem-1-0
  fonts-conda-forge    conda-forge/noarch::fonts-conda-forge-1-0
  freetype             conda-forge/osx-64::freetype-2.12.1-h3f81eb7_1
  giflib               conda-forge/osx-64::giflib-5.2.1-hb7f2c08_3
  jpeg                 conda-forge/osx-64::jpeg-9e-hb7f2c08_3
  lerc                 conda-forge/osx-64::lerc-4.0.0-hb486fe8_0
  libexpat             conda-forge/osx-64::libexpat-2.5.0-hf0c8a7f_1
  libgd                conda-forge/osx-64::libgd-2.3.3-h1e214de_3
  libiconv             conda-forge/osx-64::libiconv-1.17-hac89ed1_0
  libpng               conda-forge/osx-64::libpng-1.6.39-ha978bb4_0
  libtiff              conda-forge/osx-64::libtiff-4.4.0-h5e0c7b4_3
  libwebp              conda-forge/osx-64::libwebp-1.2.4-hfa4350a_0
  libwebp-base         conda-forge/osx-64::libwebp-base-1.2.4-h775f41a_0
  zlib                 conda-forge/osx-64::zlib-1.2.13-h8a1eda9_5


Proceed ([y]/n)?


Downloading and Extracting Packages

Preparing transaction: done
Verifying transaction: done
Executing transaction: done
```

　新たにインストールされるツール（INSTALLED: 以下）やアップデートされるツール（UPDATED: 以下，上の例ではない）がリストアップされ，これで進めてよいか確認してくる。ENTERキーを押すとインストールがはじまる。

```
Preparing transaction: done
Verifying transaction: done
Executing transaction: done
```

　EMBOSSには多くの分子生物学研究に役立つコマンドが含まれている（参照）。詳細に関してはEMBOSSのウェブサイト（`https://emboss.sourceforge.net/`）を参照されたい。

統合TV

統合TVでもいくつかのプログラムが日本語で紹介されている。
`https://togotv.dbcls.jp/result.html?query=emboss&type=manual&page=1`

　例えば，**revseq** は reverse complement，つまり相補鎖の DNA 配列を出力してくれる。

```
# 2.2節でも使ったDNA配列だけが書きこまれたファイルDNA.txtを使う
% cat DNA.txt
TCGAATGC
# revseq実行
% revseq DNA.txt rev.txt
Reverse and complement a nucleotide sequence
# 出力結果を見る
% cat rev.txt
>EMBOSS_001 Reversed:
GCATTCGA
```

　しかし，Apple silicon mac では以下のようなメッセージが出てインストールが完了しない。これは、メッセージにも書いてある通り、Apple silicon（arm）版のBiocondaではEMBOSSのパッケージが利用できないからである。では，どうするか？ もちろん、EMBOSSがBiocondaでインストール可能な環境でインストールして利用するという手段もあるが，以下の節で述べるHomebrew を試してみよう。

```
% conda install emboss
Collecting package metadata (current_repodata.json): done
Solving environment: failed with initial frozen solve. Retrying with flexible
solve.
Collecting package metadata (repodata.json): done
```

```
Solving environment: failed with initial frozen solve. Retrying with flexible
solve.

PackagesNotFoundError: The following packages are not available from current
channels:

  - emboss

Current channels:

  - https://conda.anaconda.org/conda-forge/osx-arm64
  - https://conda.anaconda.org/conda-forge/noarch
  - https://conda.anaconda.org/bioconda/osx-arm64
  - https://conda.anaconda.org/bioconda/noarch
  - https://repo.anaconda.com/pkgs/main/osx-arm64
  - https://repo.anaconda.com/pkgs/main/noarch
  - https://repo.anaconda.com/pkgs/r/osx-arm64
  - https://repo.anaconda.com/pkgs/r/noarch

To search for alternate channels that may provide the conda package you're
looking for, navigate to

    https://anaconda.org

and use the search bar at the top of the page.
```

コラム

正常にcondaインストールできなくなったら

色々なパッケージを多数インストールしていくと，すでにインストールされているパッケージと衝突（conflict）が起きて新たにインストールできなくなることがある。この原因としては，新しいプログラムが利用するライブラリーなどのバージョンが異なるなどのさまざまな問題が考えられる。

そういった場合には，conda環境を利用してそのプログラム用の利用環境を作成することが推奨されている。詳しくは以下のウェブサイトなどを参照されたい。
https://www.python.jp/install/anaconda/conda.html

それでも解消しない場合には，minicondaを再インストールするなどを試みるとよいだろう。もしくは，本節の最後に言及している，BioContainersを使ってDocker上で動かすことが選択肢として考えられる。

Bioconda以外のパッケージマネージャー

Bioconda 以外のパッケージマネージャーとしては，Homebrew が macOS ではよく使われている。上述の EMBOSS など，その環境やツールによっては Bioconda では利用できず，Homebrew でしかインストールできないものものある。そのようなツールを使う場合は Homebrew も併せてインストールして利用することになるが，複数のパッケージマネージャーを同居させることはさまざまな不具合の元となるので，できる限り併わせて使わない方がよいだろう。本書では可能な限り，conda を使ったインストールで説明するようにしてある。

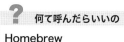

？ 何て呼んだらいいの

Homebrew
「ホーム ブリュー」

▷▷ Homebrewについては，『Dr. Bonoの生命科学データ解析第2版』のp.77コラム「Homebrew」も参照。

Homebrew のインストール手順は以下の通りである。

```
% /bin/bash -c "$(curl -fsSL https://raw.githubusercontent.com/Homebrew/
install/HEAD/install.sh)"
==> Checking for `sudo` access (which may request your password)...
Password:
==> This script will install:
/usr/local/bin/brew
/usr/local/share/doc/homebrew
/usr/local/share/man/man1/brew.1
/usr/local/share/zsh/site-functions/_brew
/usr/local/etc/bash_completion.d/brew
/usr/local/Homebrew
stat: cannot read file system information for '%u': No such file or directory
stat: cannot read file system information for '%g': No such file or directory
==> The following existing directories will be made group writable:
/usr/local/lib
==> The following existing directories will have their owner set to bono:
/usr/local/lib
==> The following existing directories will have their group set to admin:
/usr/local/lib
==> The following new directories will be created:
/usr/local/etc
/usr/local/include
/usr/local/sbin
/usr/local/var
/usr/local/opt
/usr/local/share/zsh
```

```
/usr/local/share/zsh/site-functions
/usr/local/var/homebrew
/usr/local/var/homebrew/linked
/usr/local/Cellar
/usr/local/Caskroom
/usr/local/Frameworks

Press RETURN/ENTER to continue or any other key to abort:
```

と出るので，ENTER キーを押して続ける。

```
（中略）

==> Next steps:
- Run these two commands in your terminal to add Homebrew to your PATH:
    (echo; echo 'eval "$(/usr/local/bin/brew shellenv)"') >> /Users/
    bono/.zprofile eval "$(/usr/local/bin/brew shellenv)"
- Run brew help to get started
- Further documentation:
    https://docs.brew.sh
```

Homebrewのコマンド名は
brew である。

　牛命科学データ解析関係のツールをインストールするために，以下のレポジトリを **'brew tap'** というコマンドで追加しておく＊。

```
# brewsci/bioとbrewsci/scienceを追加
% brew tap brewsci/bio
% brew tap brewsci/science
```

　前節で Apple silicon mac だとうまくインストールできなかった EMBOSS は，Homebrew で以下のコマンドでインストール可能である。

```
# HomebrewでEMBOSSをインストール
% brew install emboss
```

コラム

パッケージマネージャーの歴史

　macOSがUNIXになった頃，Finkという，UNIX環境向けに開発されたオープンソフトウェア群をmacOSでも使えるようにすることを目標とした，インターネットコミュニティーによるプロジェクトがあった。そのおかげで，macOSに特化したパッケージマネージャーが誰でも利用可能となった。これによってmacOSがUNIXとして実用的に使えるレベルになっていた。

　その後，Finkと同様のパッケージマネージャーとしてMacPortsが使われるようになった。MacPortsを使うには，インストール時に管理者権限が必要であった。

　さらにその後，基本的に管理者権限なしでパッケージをインストールできるHomebrewがインターネット上の開発コミュニティーによって（まさしく）醸成され，今でも広く使われている。

　直近では，異なるバージョンのPythonの実行環境を作るツールであるAnacondaを用いたパッケージマネージャーが広く使われるようになり，それの生命科学ツール版として**Bioconda**が出てきた。Biocondaは，macOSのみならず，Linuxでも使えることから現在広く生命科学データ解析コミュニティで受けれられているパッケージマネージャーとなっている。

　さらに，Biocondaで登録されたツールはコンテナ仮想化ツールDocker上でさまざまなプラットフォーム上で動作するようDocker化され，**BioContainers**（`https://biocontainers.pro`）と呼ばれて，必要なときに呼び出して使えるようになろうとしている。

　そういう経緯から，本書ではおもにこのAnaconda（Bioconda）によるツール導入方法を紹介している。

?　何て呼んだらいいの

Fink
「フィンク」

MacPorts
「マックポーツ」

?　何て呼んだらいいの

Docker
「ドッカー」

BioContainers
「バイオコンテナーズ」

▌繰り返し処理

　生命科学研究において多くの処理が，ちょっとした違いがある処理の繰り返しである。データ解析においても同様で，多くが繰り返し処理である。この繰り返し処理は，ちょっとしたシェルプログラミングで簡単に実現することができる。すなわち，コマンドラインによって大きな恩恵をこうむることができるわけである。

　一番単純なものは，カレントディレクトリにあるファイルすべてに対して同じ処理を施すというものである。例えば，カレントディレクトリにあるすべてのファイルを`gzip`圧縮する処理がそれである。

```
# この構文が繰り返し処理の基本となる
% for f in *; do
gzip $f
done
```

　カレントディレクトリにあるすべてのファイルについて，ファイル名を変数 f に入れ，**do ～ done** までの処理を行う（変数の値を参照するときは **$** をつける）。**gzip** は，引数に複数のファイルを指定して処理することができるため，この処理は以下のようなコマンドでももちろん実現できる。

```
# 繰り返し処理なし
% gzip *
```

　ただ，このような処理ができないコマンドもあるし，ファイル数が数万や数十万あるなど多すぎて処理が不可能な場合もある。また，実行コマンドは複数行に記述できるので，順番に実行する必要がある処理などに応用できる。すなわち，2 行目の処理（上の例では **gzip $f**）を変えることでいろいろなことに利用可能である。

　さらに高度な利用方法として，**seq** コマンドを使うやり方がある。**seq** は，開始と終了の数字を入れるとその間の数字を出力してくれるという単純なコマンドである。

```
# 5から順番に10まで自然数を出力
% seq 5 10
5
6
7
8
9
10
```

 p.75「2.5 公共データベースからのデータ取得」の「繰り返し処理によるデータ取得（通し番号編）」で，これを応用した例を紹介している。

*

ちなみに，前に0をつけて桁数を揃えたい場合（001，002，…），**seq**に**-w**オプションをつけて実行する。

　これを利用して，ナンバリングされた 100 個あるファイルを順に処理していくということが可能である*****。

```
# seqの出力をfor構文に組み込む
% for c in `seq 1 100`; do
echo $c
# ここに処理を記述
done
```

▌バッチスクリプト

　色々とコマンドを紹介しているが，もちろん人間はこれらすべてを覚えておくことはできない。また，メモ書きするにしても面倒である。そこで，それらのコマンドを順番に記述しファイルに保存して，実行できるようにしておくと便利だろう。それがバッチスクリプトである。

　例えば，前述の例の場合，

for-seq.sh

```
#!/bin/sh
for c in `seq 1 100`; do
 echo $c
done
```

をファイルの内容としてファイル名 **for-seq.sh** として保存する。それを実行するには以下のようにする。

```
# 保存したスクリプトを実行
% sh for-seq.sh
```

　また，**for-seq.sh** に実行権をつけて直接実行できるようにしてもよい。

```
# ファイルに実行権をつける
% chmod +x for-seq.sh
# 実行できるようになったスクリプトを実行
% ./for-seq.sh
```

GitHub ファイル取得

このファイル **for-seq.sh** は，**DrBonoDojo2 GitHub** の 2-3 ディレクトリに置いてある。
https://github.com/bonohu/DrBonoDojo2/blob/master/2-3/for-seq.sh

 Dr. Bono から

このファイルの先頭行は **#** からはじまっているが，これはコメント行ではなく，以下のコマンドを解釈するプログラム（インタプリタという）を指定するものである。

> **コラム**
>
> ## テキストエディタを使いこなそう
>
> 　本節ではこれまで紹介してきたコマンドライン入力に加えて，スクリプトを書くことを紹介した。そのスクリプトを書くためには，テキストエディタが必要となってくる。
>
> 　macOSにはじめからインストールされているエディタとしては，アプリケーションフォルダ内にある「テキストエディット」がある。ただ，新規書類を開いた状態のデフォルトではリッチテキスト用のエディタになっているので，「フォーマット」から「標準テキストにする」を選択してテキストだけのエディタモードに変更する必要があることに注意する。講習会などで使ってもらう際にはそれで十分だが，日常的に使うとなると，別のテキストエディタを追加インストールして用意したほうがいい。Dr. Bonoがすすめているのは，Visual Studio Code（VSCode; `https://azure.microsoft.com/ja-jp/products/visual-studio-code`）である。VSCodeは，本書を書く際にも使用したテキストエディタである。
>
> 　また，コマンドラインで（ターミナルの中で）起動して使うテキストエディタとしては，macOSでははじめからインストールされているものとして，**vi**（**vim**），**emacs**，**nano**などがある。ちょっとしたファイルの変更にはこれらのテキストエディタが重宝するが，それぞれにクセがあるので，自分にあったものをみつけて使いこなそう。

▌Git，GitHub の利用

？ 何て呼んだらいいの
Git
「ギット」や「ジット」
GitHub
「ギット ハブ」や「ジット ハブ」

　Git は，もともと Linux の開発のために作成されたプログラムのソースコードなどの変更履歴を記録・追跡するための，分散型バージョン管理システムである。また，GitHub は，ソフトウェア開発のプラットフォームで，プログラムのソースコードをホスティングするサイトであり，コードのバージョン管理に Git を使用している。自らコードを書いて管理せずとも，GitHub にアップされているプログラムを利用することは，当然ある。それをとってくるには，以下のように **git** というコマンドを使う。

　例えば，GitHub の **bonohu** というアカウントが作っている **DrBonoDojo2** というプロジェクトのコードをすべて取得するには以下のようにする。

```
# GitHubのページ（https://github.com/bonohu/DrBonoDojo2）をコピーしてくる
% git clone https://github.com/bonohu/DrBonoDojo2
```

　こうすると `https://github.com/bonohu/DrBonoDojo2` 以下にあるコードをカレントディレクトリにすべてとってくることができる。その結果，カレントディレクトリに **DrBonoDojo2** というディレクトリが作成され，GitHubに置かれているソースツリーがその構造のまま，コピーされる。

Dr. Bono から

この **DrBonoDojo2** のプロジェクトには本書で使っているファイルが収められているので，ダウンロード（**git clone**）してご利用いただきたい。

```
# プロジェクト名のディレクトリに移動
% cd DrBonoDojo2
# git cloneされたファイルを確認
% ls -F
README.md 2-2/ 2-3/
（以下略）
```

▍生命科学分野で使われるプログラミング言語

　生命科学データ解析では，高速な処理が行えるようにコンパイラが時間をかけて最適化することができるコンパイラ言語として，CとC++ という言語が用いられることが多い。3.2 節で紹介する BLAST などがその例だ。しかしながら，ちょっとしたデータ処理にはコンパイルせずに実行できる**スクリプト言語**が使われることが多い。その場限りのプログラムにもスクリプト言語がしばしば用いられる。つまり，コンパイラ言語でのプログラミングではなく，スクリプト言語を使いこなせるようになればいいのだ。

Dr. Bono から

その場限りのプログラムは，捨てコードとも呼ばれる。

　そのためにまずは，それらの誰かが書いたスクリプト（コード）を実行してみて，それを使いこなせるようになればよい。すなわち，**スクリプトをまったくの 0 から書けるようになる必要はない**。自分の必要な動作が得られるよう，一部を書き換えることができるようになればそれでよい。

　ここでは，数あるスクリプト言語に関して事前に知っておいたほうがよい事柄について簡単に紹介する。これらのスクリプト言語はシェルスクリプトと同様に，基本的にはシェル上からコマンドとして利用する。実際の使いこなし事例に関しては，第 3 章にちりばめられているので，そちらへの参照も記載している。

Ubuntu (WSL2) では awk と Perl は最初から入っているが，Ruby はインストールされていないので，
% `sudo apt install ruby`
として別途インストールする必要がある。

◁　awkを使った例は，「2.5 公共データベースからのデータ取得」や「3.3 系統樹作成」などに複数ある。

ワンライナーとは1行で完結するスクリプトのこと。

なお，awk，Perl，Ruby *に関しては macOS に最初から入っているため，改めてインストールする必要はない。

awk

オークと読む。A. V. Aho，P. J. Weinberger，B. W. Kernighan の3人によって開発され，その頭文字から awk という名前がついた。UNIX に最初からインストールされており処理が高速なので，データ量が非常に多い NGS データ解析で使われることが多くなっている。awk のスクリプトは，ファイルに保存して実行するというよりは，以下のようにシェル上からワンライナー*で実行することが多い。

```
# awkによる足し算
% x=3;y=16;echo | awk -v xx=$x -v yy=$y '{sum=xx + yy; print sum}'
19
```

Perl

パールと読む。文字列処理が強力で，特定のフォーマットを出力する便利なプログラムとして長年使われ続けている。また，さまざまなプログラムをつなぎ合わせる糊のような言語（グルー言語）として重宝されている。生命科学分野においては，BioPerl が 2000 年以前より活動しており，BioXX というプロジェクトの中で一番古い歴史がある。BioPerl は Ensembl プロジェクトでそのデータ作成など，多岐にわたって使われている。Perl 使いは，Perler と呼ばれる。Dr. Bono が Perler であることもあって，Perl を使った例は第3章の各節にある。

? 　何て呼んだらいいの

Perler
「パーラー」

awk ほどではないが，以下の例のように Perl もワンライナーで使われることが多い。

```
# 古いmacで作成したテキストをUNIX用の改行コードに変換
% perl -pe 's/\r/\n/g' mac.txt > unix.txt
```

Ruby

　ルビーと読む。Ruby は，まつもとゆきひろ氏によって開発されたプログラミング言語である。つまり，日本で開発されたため，日本語によるリファレンスも多い。そのため，日本人には Ruby を書くプログラマー，Rubyist が多い。生命科学分野においても，日本で BioRuby プロジェクトが立ち上げられ，現在も開発が続けられている（`http://bioruby.org`）。Perl の代替として使われることが多い。

　本節で紹介したパッケージマネージャー Homebrew のインストールスクリプトが Ruby で書かれている。また，3.2 節で紹介する local な BLAST ウェブインターフェースを実現する sequenceserver が，Ruby で実装されたプログラムの例となっている。

? **何て呼んだらいいの**
Rubyist
「ルビスト」

⇨　sequenceserver については，p.120「3.2 配列類似性検索」の「応用例3：ローカルにBLASTウェブサーバーを立てる」を参照。

R

　アールと読む。R は，オープンソース・フリーソフトウェアの統計解析向けのプログラミング言語である。生命科学データ解析においては，R 単体よりも Bioconductor（`https://bioconductor.org/`）にある有用なパッケージを使うために用いられることが多い。Bioconductor は，生命科学に特化した解析手法やハイスループットなオミックスデータの解析とその理解のためのツールを提供しているプロジェクトで，R を用いたオープンな開発が行われている。多くの専門的な生命科学データ解析手法が R で実装・公開されており，自分で R を書かなくてもよいが，使いこなせるようになる必要がある。

　macOS には R が最初からはインストールされていないので，R とそれを便利に使うための作業環境である RStudio をインストールする必要がある。3.5 節ではインストールの手順に加えて，Bioconductor にあるパッケージ **tximport** を使う実例や，主成分分析（PCA）を R で書かれたプログラムで行う例を紹介している。

　現在，R を用いて開発されたパッケージは，前述の Biocondcutor や The Comprehensive R Archive Network（CRAN）上で公開されている。それらの数を把握するのが困難なほど多くのパッケージが開発されており，それぞれのパッケージのドキュメントをテキスト検索して求めるパッケージかど

⇨　Rのインストール手順は，p.170「3.5 トランスクリプトーム解析」の「Bioconductorのパッケージを使って遺伝子ごとの発現値へ変換」を参照。

? **何て呼んだらいいの**
CRAN
「シーラン」または「クラン」

うかを見分けるのは困難な状況である。インターネット検索エンジンのイメージ検索のように，作成されるグラフのイメージから逆引きできると便利だろう。

Python

　パイソンと読む。プログラミング言語として広く使われるようになってきており，それに伴って生命科学分野でも頻繁に使われるようになってきている。バージョン 2 と 3 の Python で書かれたソフトウェアが生命科学分野では両方使われてきたが，2020 年 1 月 1 日にバージョン 2 のサポート終了となった。そのため，さまざまなバージョンの Python を使うための仕組みが必要であり，上述の Anaconda ももともとは，その目的で使われていた環境構築のための仕組みである。

？　何て呼んだらいいの
pip
「ピップ」

　また pip (Pip Installs Packages または Pip Installs Python の略) という，Python で書かれたソフトウェアをインストールするための管理システムもある。Anaconda と pip の両方でインストールできるソフトウェアが多くなっているが，まぜると依存関係が崩れて危険である。なので，Dr. Bono はできる限り Anaconda でインストールして，Anaconda にない場合は pip を使うようにしている。

？　何て呼んだらいいの
Jupyter
「ジュピター」

　対話的に Python によるプログラミングをウェブブラウザ上で実行できるソフトウェアとして Jupyter notebook が広く使われている。Jupyter notebook で実行したコードは自動保存され，そのファイルを簡単に共有できる。この Jupyter notebook の仕組みは，Python だけにとどまらず，前述の R や次に説明する Julia などの言語でも使えるようになっている。

　そのコードを Jupyter notebook を使って編集している例も掲載してあるので，参考にしていただきたい。

？　何て呼んだらいいの
Pythonista
「パイソニスタ」
Tensorflow
「テンサーフロー」

　Python 使いは，Pythonista と呼ばれている。近年，R 使いよりも Pythonista がデータ解析業界に増えている。ディープラーニングのフレームワークとして使われている Tensorflow も Python で書かれており (https://github.com/Mishima-syk/py4chemoinformatics/)，今後 Python で書かれたプログラムがさらに登場してくることであろう。なので，自分で書か

ないとしても，それらが使いこなせるようにはなっていないといけないのである。

Julia

　ジュリアと読む。Julia は，ビッグデータ時代の科学計算を高速にする可能性のある言語として注目されている。2018 年にバージョン 1 が公開され，その後も頻繁に更新がなされている。執筆時（2023 年 3 月）における最新バージョンは 1.8.5 となっている。

　Julia 使いは Julian と自称している。その Julian によって，Julia を使った応用が早くも公開されている。シングルセル解析において似た発現パターンをしている細胞を高速にみつけるプログラム `CellFishing.jl` がそれである（`https://github.com/bicycle1885/CellFishing.jl`）。今後の動向が注目されるプログラミング言語である。

？　何て呼んだらいいの
Julian
「ジュリアン」

▌ 再現する計算結果をめざして：Docker

　プログラム実行結果は，どこで実行したとしても基本的には同じはずである。しかしながら，さまざまなプログラムが組み合わさるとそれが保証できなくなってくる。これは，リファレンスデータベースのバージョンが異なっていたり，使うツールのバージョンが違っていたりすることに起因する。医学分野の応用などには，誰がどのマシンで動かしてもまったく同じ結果が得られるようにする仕組みが是非とも必要である。それに向けた取り組みとして，プログラムをミニチュア版の仮想環境で動かすことで環境に依存せず，またバージョンも指定したもので動かすことができるという Docker が注目されている。

？　何て呼んだらいいの
Docker
「ドッカー」

　この Docker は Docker Desktop という名前のソフトウェアとして macOS でも Windows でも Linux でも利用可能である。使っているプラットフォームの Docker Desktop のインストーラーを Docker Desktop のページ（`https://www.docker.com/products/docker-desktop/`）からダウンロードして，インストールする。使用するプログラムによってはメモリを多めに Docker に割り当てておく必要がある（図 2.6，macOS のみ）。なお，Docker コンテナを実行してみることで，インストールされたかどうかを

図2.6　Docker Desktop
のResource設定画面

チェックできる。

```
# Dockerコンテナの実行例
% docker run --rm -it beezu/cmatrix
```

Docker が起動していれば，The Matrix 調のアスキーアートがターミナル
画面に現れるはずである（実行を修了するには，q キーか Ctrl + C を押下す
る）。

Bioconda にあるツールをすべて Docker コンテナとして利用可能にして
いる BioContainers（https://biocontainers.pro/）というプロジェク
トがある。その BioContainers のコマンドラインツールを組み合わせて作成
されるワークフローを記述する仕組みがいくつか開発されている。中でも
Common Workflow Language（**CWL**；https://www.commonwl.org/）
が広く使われる兆しを見せている。例えば，NCBI Prokaryotic Genome
Annotation Pipeline（**PGAP**）を自分のマシンでローカルに動かすためのプ
ログラムが CWL で書かれていたり（https://www.ncbi.nlm.nih.gov/

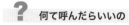　**何て呼んだらいいの**
CWL
「シーダブリューエル」
PGAP
「ピー ギャップ」

genome/annotation_prok/), DDBJ で開発中のヒトリシークエンスのワークフロー (https://github.com/ddbj/human-reseq) に CWL が採用されている。

コマンドライン処理の醍醐味の 1 つは，ターミナル上でネットワークを介して別の場所にあるコンピュータ（マシンと呼ぶ）を遠隔操作できることであろう。それを可能にするコマンドをここでは紹介する。

以下で紹介している IP アドレスやファイル名はすべて架空のものであり，それぞれの環境に合わせて設定する必要がある。以下のとおり打ちこんでも同様には動かないので注意。

▌ ssh

ssh（secure shell の意味）は外部のマシンにログインするためのコマンドである。**ssh** は macOS や Linux（WSL2）にデフォルトでインストールされているため，特別のインストールは必要としない。例えば，手元の MacBook（図 2.7 左下）から IP アドレスが **192.168.168.2** の LAN 上のマシン（リモートマシン，図 2.7 右下）にログインするには以下のようなコマンドを使う。

> ❓ **何て呼んだらいいの**
> ssh
> 「エスエスエイチ」

```
# IPアドレス192.168.168.2のマシンにログイン
% ssh 192.168.168.2
```

ssh コマンドでログインするには，ログインする先のマシンにアカウントをもつ必要がある。現在ログインしているアカウント名と異なる場合には，アカウント名を明示して **ssh** する必要がある。例えば，手もとのマシンのアカウントが **bono** であるのに対して，**ssh** でログインするリモートマシンのアカウントが **bonohu** と異なっている場合には以下のようにする。

```
# IPアドレス192.168.168.2のリモートマシンにユーザーbonohuとしてログイン
% ssh bonohu@192.168.168.2
```

**図2.7　LANとInternetの
概念図**　左下のMacBookか
らLANの中でsshしたりする
ほか，LANの外のInternetを
介して外のマシン（例えば，遺
伝研スパコン**gw.ddbj.nig.
ac.jp**）にもsshすることがで
きる。

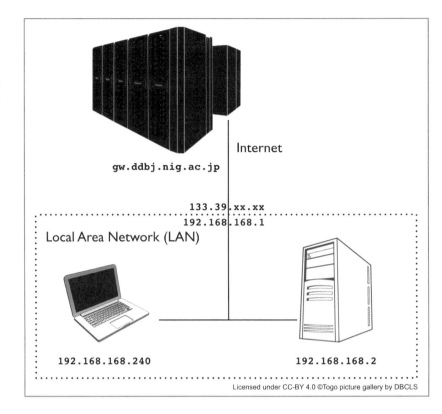

Internet

gw.ddbj.nig.ac.jp

133.39.xx.xx
192.168.168.1

Local Area Network (LAN)

192.168.168.240　　　　**192.168.168.2**

　このようにログインできるようにするためには，もちろんリモートマシン
にアカウントがないといけない。基本的にはアカウント名とそのパスワード
があればログインできる。

　しかしながら，近年セキュリティが厳しくなっている。アカウントがある
だけではダメで，公開認証鍵（public key）をリモートマシンに登録してお
くことが要求されるようになっている。その場合，あらかじめ手もとのマシ
ンで**ssh-keygen**コマンドによって暗号鍵を作成しておく必要がある。例え
ば，Dr. Bonoは以下のようなオプションでキーを作成している。

?　何て呼んだらいいの

ssh-keygen
「エスエスエイチ キージェン」

```
# 暗号鍵作成
% ssh-keygen -t rsa -b 4096
```

　-tオプションで作成するキーのタイプ，**-b**オプションでキーのビット数
を指定する。実行するとパスフレーズ（pass phrase）を訊いてくるので適
切に設定しておく。

うまく実行できるとホームディレクトリ以下の `.ssh` ディレクトリに **id_rsa.pub** ファイルができる。その中身を，リモートマシンのホームディレクトリ以下の `.ssh` ディレクトリにある **authorized_keys** というファイルに書き込む。そのファイルがなければ，新たに作成する。すでにそのファイルがあれば，追記することになる（1 行 1 エントリ）。その際気をつけるのが，そのファイルは自分しかみえないようにファイルの権限（permission）を **chmod** で変更することである。

```
#  リモートマシンでの作業。自分しか見えないようにファイル権限を変更
%  chmod 600 ~/.ssh/authorized_keys
```

このように設定しておくと，リモートマシンにログインできるようになるほか，**scp** によるデータのコピーもネットワーク越しに行えるようになる。例えば，手もとのマシンのカレントディレクトリにある **hoge.txt.gz** というファイルを，IP アドレスが **192.168.168.2** の bonohu ユーザーのホームディレクトリにコピーする場合は以下のようなコマンドを使う。

? 何て呼んだらいいの

scp
「エスシーピー」または
「エス コピー」

```
#  hoge.txt.gzをIPアドレス192.168.168.2のマシンのユーザーbonohuのホームディレクトリにコピー
%  scp hoge.txt.gz bonohu@192.168.168.2:
```

最後に ：（コロン）をつけることを忘れないようにする。これまで LAN の中での **ssh** や **scp** の例を示してきたが，図 2.7 にも示したとおり，インターネットを介して LAN の外のマシンに対してもそれらの操作は可能である。ただセキュリティ上の理由で，それらのサーバーにあるウェブサイトが閲覧できたとしても，**ssh** によるアクセスは禁止されていることもある。

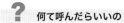

Dr. Bono から

アクセスが禁止されていることを，「ポートが閉じられている」といういい方もする。

また，ファイルツリーの構造を保ったまま複数のファイルを転送したい場合は，以下に紹介する **rsync** を使うとよい。

▌ rsync

rsync とは，サーバ間でファイル，ディレクトリを同期させるコマンドである。その対象は LAN の中，インターネット越しのどちらでもできる。**rsync** も **ssh** 同様，macOS や Linux（WSL2）に最初からインストールされているコマンドのため，インストールしなくても利用できる。例えば，カ

? 何て呼んだらいいの

rsync
「アール シンク」

レントディレクトリにある **DrBonoDojo** ディレクトリにあるファイルを丸ごと，**192.168.168.2** のホームディレクトリ以下にある **Documents** ディレクトリの下にコピーする場合，以下のようにする。

```
# LAN上にあるIPアドレス192.168.168.2のマシンのDocumentsディレクトリ以下にデータ同期
% rsync -avz DrBonoDojo 192.168.168.2:Documents
```

ここで **-a** オプションはアーカイブモードという意味のオプションで，**-v** は実際の動作内容を表示するオプション，**-z** は転送中のデータを圧縮するオプションである。これによって **192.168.168.2** の **Documents** ディレクトリ以下に **DrBonoDojo** というディレクトリが作成され，そこに送信元にあったファイルがそっくりコピーされる。

この **DrBonoDojo** というディレクトリを作成することなく，このディレクトリの中身だけ転送したい場合には，以下のコマンドを実行する。

```
# LAN上にあるIPアドレス192.168.168.2のマシンのDocumentsディレクトリ以下にDrBonoDojo
ディレクトリを作成せずデータ同期
% rsync -avz DrBonoDojo/ 192.168.168.2:Documents
```

DrBonoDojo だったところが **DrBonoDojo/** に変わっており，こうすることでディレクトリを新たに作ることなくデータ転送が行える。

実はこの **rsync** は，ネットワーク経由だけではなく，単体のマシン内の別のボリュームへのファイルコピーでも使うことができる。USB 接続の **USBHDD01** という名前のドライブ（ハードディスク）にカレントディレクトリの **DrBonoDojo** というディレクトリの中身をコピーするには以下のようにする。

```
# USB接続のドライブ（USBHDD01）にデータ同期
% rsync -av DrBonoDojo /Volumes/USBHDD01
```

rsync によるファイル転送は，初回は他のコマンド（**cp** など）と大差ない。しかし，2 回目以降にこの **rsync** のご利益がある。それは，**rsync** は 2 回目以降はまったく同じファイルかどうか（ファイルのタイムスタンプが変わっ

ているかどうか）を検知して，まったく同じであれば転送はスキップしてくれるのだ。そうすることでファイルの転送は，ネットワーク経由でもローカルのディスクであっても劇的にスピードアップする。

上記のオプションだと，転送元で消去してしまったファイルも転送先には残る設定となっている。それらのファイルのサイズが小さいうちはバックアップとなってよいのであるが，NGS データなど大きなファイルサイズのものだとディスクの「肥やし」となってしまう。そこで，転送元にないファイルを転送先から削除するという **--delete** オプションを使う手がある。

```
# 転送元にないファイルは削除してデータ同期
% rsync -av --delete DrBonoDojo /Volumes/USBHDD01
```

こうすることで，手もとのマシンの **DrBonoDojo** ディレクトリにはないが，**USBHDD01** ボリュームの **DrBonoDojo** ディレクトリには存在していたファイル群が **rsync** 実行時に消去されることになる。ただ，ファイルの消去を伴う操作のため，使用する際には慎重に実行することをおすすめする。

詳細な動作内容を出力するには **-v** オプションを，**-vv** や **-vvv** と v の数を増やして指定すればよい。v の数が多くなるほど，より詳細な出力が得られる。

Dr. Bono から
Dr. Bono は普段は v 2つの**-vv**を使うようにしている。

```
# より詳細
% rsync -avv --delete DrBonoDojo /Volumes/USBHDD01
# もっと詳細
% rsync -avvv --delete DrBonoDojo /Volumes/USBHDD01
```

▌byobu

tmux や screen は仮想端末管理ソフトウェアで，ターミナルをさらに便利に使うためのプログラムである。**byobu** とは，tmux や screen を便利に使うためのコマンド（ラッパーコマンド）である。取っつきにくいかもしれないが，処理時間が長くかかる生命科学データ解析にとって，とても有用なツールなので紹介する。

何て呼んだらいいの
tmux
「ティーマックス」
screen
「スクリーン」
byobu
「ビョウブ」

byobuのインストールとそのトラブルシューティング

byobu は Anaconda を使って簡単に導入可能である*。

```
# byobuインストール
% conda install byobu
# 実行
% byobu
dyld: Library not loaded: @rpath/libtinfo.6.dylib
  Referenced from: /Users/bono/miniconda3/bin/tmux
  Reason: image not found
Abort trap: 6
```

しかしながら，Dr. Bono の環境では以上のようなエラーが出た。これはエ
ラーメッセージにある通り，**byobu** を実行するために必要な library *がリン
クできなかったというエラーで，よく遭遇するものである。エラーメッセー
ジをインターネット検索するとその対処法が出てくるであろう。macOS の
アップデートによって library の名前が変わってしまったため，
libtinfo.6.dylib という名前のファイルがみつからなかったということ
である。Anaconda によってインストールされる library は，Anaconda を
インストールしたディレクトリ（Dr. Bono の場合，**/Users/bono/**
miniconda3）の中の lib ディレクトリにある。そこに移動して調べてみると，

```
# ディレクトリ移動
% cd /Users/bono/miniconda3/lib
# libtinfoで始まるファイル名を持つものをリスト
% ls -l libtinfo*
lrwxr-xr-x 1 bono staff     11  2 27 16:33 libtinfo.a -> libtinfow.a
lrwxr-xr-x 1 bono staff     17  2 27 16:33 libtinfo.dylib -> libtinfow.6.dylib
-rwxr-xr-x 1 bono staff 196704  2 27 16:33 libtinfow.6.dylib
-rw-r--r-- 1 bono staff 295144  2 27 16:33 libtinfow.a
lrwxr-xr-x 1 bono staff     17  2 27 16:33 libtinfow.dylib -> libtinfow.6.dylib
```

確かに **libtinfo.6.dylib** がない。その代わりに **libtinfo.dylib** と
いうファイルがある。そして，それは **libtinfow.6.dylib** というファイル
へのシンボリックリンクである。シンボリックリンクとは，macOS のエイリ
アスと同じもので，ファイルに別名をつけることである（エイリアスはファ

イルのコピーとは別もので，ファイルの実体はコピーせず，ファイルの別名をつけるだけであることに注意）。すなわち，`libtinfo.dylib` は `libtinfow.6.dylib` の別名となっているということである。ということは，`libtinfo.6.dylib` という別名も作ってやればよいだろうと推測できる。

　そこで，実際に `libtinfow.6.dylib` に対して `libtinfo.6.dylib` という名前で別名，すなわちシンボリックリンクを張る。

```
# シンボリックリンク作成
% ln -s libtinfow.6.dylib libtinfo.6.dylib
```

　そして，もう1度，

```
% byobu
```

として実行すると，ちゃんと起動した。ファイルの名前を変更することで解決できた。

　このような不具合は，おそらくは Anaconda のパッケージや macOS のアップデートでじきに修正されるであろう。しかしながら，今そのプログラムを使いたい場合など，自分で解決しないといけない場合もたまに遭遇する。エラーメッセージを読んで理解できない場合（ほとんどの場合はそうだが），そのメッセージのキーワードなどでインターネット検索してみよう。その場合，英語のほうが情報は多いので，英語を厭わず情報検索する必要があろう。それでもダメな場合には，周りにいる達人に相談してみよう。周りにいない場合には X（旧 Twitter）などできいてみよう。

byobu の初期設定

　`byobu` を実行すると，画面が切り替わり，以下のようなメッセージが表示される（図 2.8）。

　ここで Control キーを押しながら a キーを押す（Ctrl-a）と，このキーの組み合わせを押した際の設定 * に関する設定アシスタントが起動する（図 2.9）。

Dr. Bono から
本書の X（旧 Twitter）ハッシュタグは #drbonodojo である。

キーに設定を割りあてることを，キーバインドという。

図2.8 **byobu**を起動した画面 最初の起動の場合，このようなメッセージが出る。2回目以降は出ない。

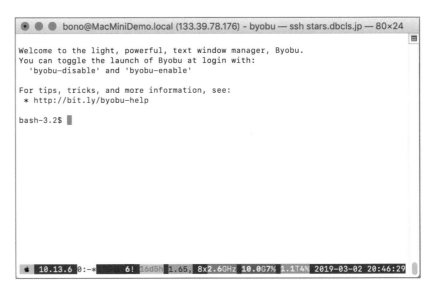

図2.9 **Ctrl-a**を押すと，このキーバインドについて設定アシスタントが起動する

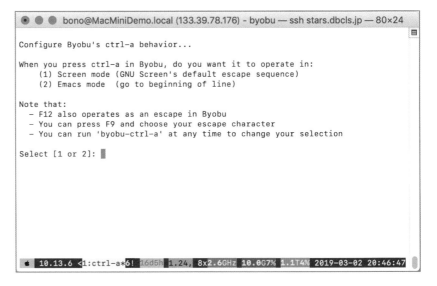

　1か2か，選ぶ必要がある。Ctrl-aはコマンドラインで入力している際に先頭へカーソルを移動させる便利なキーであるため，2を選んで，Ctrl-aでカーソル移動を生かす。

byobuの使いこなし

　上のメッセージにもある通り，F12がエスケープ文字という，byobuを使う上で大事な，コマンドを出すためのキーとして使われる。F12はキーボー

ドの上部にある,「ファンクションキー」と呼ばれるものである。ファンクショ
ンキーは Mac のデフォルトでは Finder を便利に使うためのショートカット
が割り当てられているので要注意。例えば MacBook Pro では F12 のキーを
単独で押すと，音が大きくなるというショートカットに用いられており，F12
として機能させるにはキーボード左下の fn キーを押しながら F12 キーを押
す必要がある。

　（fn キーを押しながら）F12 キーを押してすぐ後に c キーを押す（F12 ＋
c と略記）と新たなウィンドウが開かれる。すなわち，新たなシェルが起動
する（new-window）（図 2.10）。

　そして，元のウィンドウに戻るには，F12 ＋ p で戻ることができる。さら
にそこから新たに開いたウィンドウへは F12 ＋ n で移動できる。このように
次々とウィンドウを増やして，作業スペースを増やすことができ，またそれ
らの間の切り替えは F12 ＋ p や F12 ＋ n で可能である。

　下部の情報バーにはそのほかに macOS のバージョン（10.13.6）や，現
在の load average（この例では 2.55），CPU の数やクロック数（8 × 2.6 GHz）
などの情報がまとめられており，大変有用である。

　ノート型の MacBook Pro など F12 が利用しづらい場合，F12 以外のキー

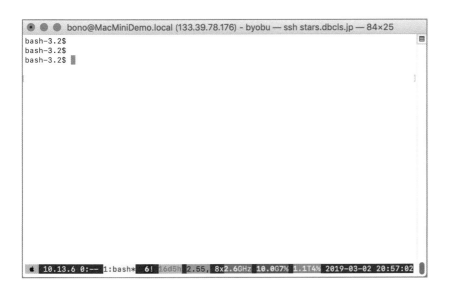

図2.10　**F12を押してすぐ
にcを押すと新たなウィンド
ウ（シェル）が起動する**　下部
の情報バーに，**0:**のほか，新た
に**1:bash**が追加されている
のが確認できる。

バインドをエスケープ文字とするのがよい。上のメッセージにもある通り，F9 を押すと，図 2.11，図 2.12 のような画面が現れ，エスケープ文字を選ぶことができる。

　ちなみに Dr. Bono は Ctrl-a ではなく，Ctrl-z をエスケープ文字として使っている。**screen** を使っていた頃からかれこれ 20 年あまり利用している。

　巨大な配列データベースや SRA のデータ取得など，時間のかかるファイルのダウンロードや実行時間が長いプロセスの監視に大変重宝する。

　その恩恵にあずかるには，**byobu** を起動してから開かれたシェルでそういったプロセスを実行開始する。そのままログアウトしても **byobu** を先に実行しておいてから，その中で実行したプロセスは終了せず，実行され続ける。

　別端末から実行しているマシンに ssh でログインして，**byobu** を再度実行するとセッションが復元し，実行していた処理の続きをすることができる。

　ネットワークが細い（速度が遅く不安定な）環境からサーバーにアクセスして作業する際に特に有用である。というのは，仮にネットワーク接続が切断されてしまったとしても，作業していたプロセスは死なずに残るからである。再度接続して **byobu** を実行すれば，処理をすぐに再開することができるのである！

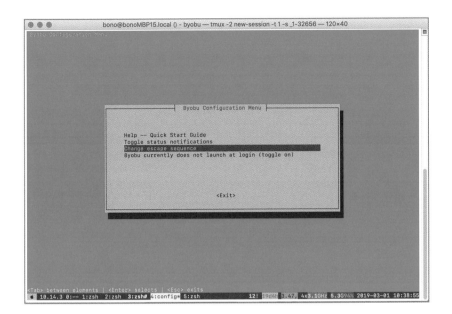

図2.11　F9を押すと出てくる設定画面　エスケープ文字を設定できる。選択にはマウスではなく矢印キーを用いる。また，決定にはENTERキーを用いる。

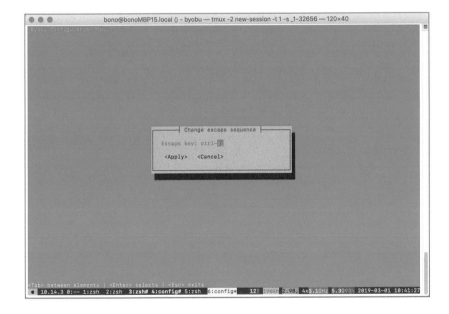

図2.12　エスケープ文字の設定画面　設定したら，下部のApplyにカーソルを移動して（tabキーを押すと移動できる），設定を反映する。

2.5 公共データベースからのデータ取得

当たり前のことだが，手もとにデータがないとデータ解析はできない。もちろん，最初からデータが渡されていて手もとにある，ということもあるかもしれない。しかしながら多くの場合，手もとにデータはなく，どこからか取得してくる必要がある。

生命科学分野においては，公共データベース（DB）が整備されており，データの取得元として大変重宝する。第 3 章で説明する解析に必要不可欠な公共DB からのデータ取得方法について，本節で説明する。

▍コマンドラインでのデータ取得

データのダウンロードは，もちろんウェブブラウザ上のリンクをクリックしてデータ取得する方法でもよい。macOS でウェブブラウザに Safari を使っている場合には，ファイル圧縮されたデータをダウンロードすると気をきかせてファイルの展開も同時に実行される。圧縮ファイルは圧縮したまま次の解析に使うことが多い生命科学データ解析ではありがた迷惑で，ダウンロードしてきたファイルはそのままのほうがいいこともある。そこで，データの置いてあるアドレスがわかっている場合，コマンドラインから取得する方法をここでは紹介する。

よく使われる生命科学 DB の場合は，その DB 名とアクセッション番号（しばしば，エントリ名ともいう）がわかっていると，コマンドラインから簡単に取得できる。まずはそのやりかたを以下で説明する。

curlやwgetによるコマンドラインファイル取得

まず，データをダウンロードするディレクトリに移動する。そのディレクトリがなければ作成する。そのためのコマンドは以下のとおりである*。

% からはじまる行が実際に打ちこむべきコマンドである。ただし，% 記号は打ちこむ必要はない。また，# からはじまる行はコメント行で，以下の行のコマンドで何をやっているかを説明するものであり，その行は打ちこむ必

＊

Linux（WSL2）の場合，以下の 'Downloads' ディレクトリもないので，まず
% `mkdir Downloads`
で 'Downloads' ディレクトリを作成する必要がある。

要はない。

```
# ホームディレクトリに移動
% cd
# Downloadsディレクトリに移動
% cd Downloads
# datadojoディレクトリを作成
% mkdir datadojo
# datadojoディレクトリに移動
% cd datadojo
# 今いるディレクトリをフルパスで表示
% pwd
/Users/bono/Downloads/datadojo
```

　これで準備は整った。実際のファイル取得のコマンドの実行へと移ろう。例えば，論文中に使ったデータセットが `ftp://ftp.ncbi.nlm.nih.gov/genomes/all/GCF/000/002/195/GCF_000002195.4_Amel_4.5/GCF_000002195.4_Amel_4.5_protein.faa.gz` にあると書かれてあったとする。その場合には，以下のコマンドでそれを取得できる※。

必要なデータのURLはこの例のようにしばしば長い。そして，このアドレス中にはスペースや改行を入れてはならない。

```
# curlのオプション-Oは大文字のO（オー）
% curl -O ftp://ftp.ncbi.nlm.nih.gov/genomes/all/GCF/000/002/195/
GCF_000002195.4_Amel_4.5/GCF_000002195.4_Amel_4.5_protein.faa.gz
```

何て呼んだらいいの

curl
「シーユーアールエル」または「カール」

　curl の **-O** オプションを使うと，ダウンロードしてきたファイルがダウンロード前と同じファイル名（上の例の場合，**GCF_000002195.4_Amel_4.5_protein.faa.gz**）で現在いるディレクトリに保存される。そのため，このオプションは，よく使われている。

　ただ，最近よくあるのはそのページにアクセスするとデータのありかが別に書いてあったりするケースである。例えば，以下の Uniform Resource Locator（URL）などがそれである。

`https://figshare.com/articles/Supplemental_data/6964550`

　この URL にアクセスするとある論文の複数の Supplemental data へのリンクがリストされており，この URL で **curl** を実行してもデータは取得できない。すなわち，この場合は上記のデータ取得方法ではダメで，まずこの

URL のウェブページにアクセスしたのちにデータ実体の URL を探し出す必要がある。データをダウンロードするには，それを **curl** で直接指定して実行しなければならない。

```
# 直接指定したURLでファイルをダウンロード
% curl https://ndownloader.figshare.com/articles/6964550/versions/3 >
6964550.zip
# zipファイルをunzipコマンドで展開
% unzip 6964550.zip
# どのようなファイルができたかをlsで確認
% ls
Supplemental_data_1.gff3.gz        Supplemental_data_4.tsv.gz
Supplemental_data_2.fa.gz          Supplemental_data_5.tsv.gz
Supplemental_data_3_aa.fa.gz       Supplemental_data_6.xlsx
```

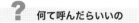
？　何て呼んだらいいの

wget
「ダブリューゲット」

また，**curl** 以外にも同様のことができる **wget** というコマンドがある。しかしながら，**wget** はデフォルトでは macOS にインストールされていない。以下のように Anaconda（**conda** コマンド）を使ってインストールする必要がある。

```
# Anacondaを使ってwgetをインストール
% conda install wget
```

インストールされたら以下のコマンドで前述の **curl** 同様のデータダウンロードができる。

```
# 同じファイルをwgetで取得
% wget ftp://ftp.ncbi.nlm.nih.gov/genomes/all/GCF/000/002/195/
GCF_000002195.4_Amel_4.5/GCF_000002195.4_Amel_4.5_protein.faa.gz
```

また，**wget** では **-r** オプションを使って，あるディレクトリ以下のすべてのダウンロードを行う，再帰的（recursive）な取得が可能である。

```
# 指定したディレクトリ以下にあるファイルを再帰的に取得
% wget -r ftp://ftp.ncbi.nlm.nih.gov/genomes/all/GCF/000/002/195/
GCF_000002195.4_Amel_4.5/
```

> ### コラム
> ## URLのさまざまなスキーム名とHTTPS問題
>
> URLの先頭には**http**:のように必ず資源の取得方法を記述するように決まっており，これを**スキーム名**と呼ぶ。本節の例では**http**:〔HTTP（Hypertext Transfer Protocol）のためのスキーム〕以外に**ftp**:〔FTP（File Transfer Protocol）のためのスキーム〕を紹介した。**https**:も紹介したが，これは**HTTPS**（Hypertext Transfer Protocol Secure）と呼ばれるもので，HTTPによる通信をより安全に（セキュアに）行うためのプロトコルおよびURLスキーム名である。近年，セキュリティが問題となる中，多くのウェブサイトがHTTPS化している。書物などに書かれている**http**:ではじまるURLにアクセスできなかった場合には，URLの先頭を**https**:に変更してアクセスしてみるとよいだろう。ただ，まだHTTPS対応ができていないサイトも多いので，データを取得する際にはURLに注意する必要がある。

この例では，前述の例のファイルではなく，そのファイルが含まれる親ディレクトリを指定することで，そのファイルと同じディレクトリに含まれるファイルすべてを取得することが可能である。このオプションを使う際には大量のデータ転送が発生する可能性があるので，注意が必要である。

これだけでは特に便利に思わないかもしれない。しかし，このような処理が数十から数百もあった場合はどうだろうか。それについては次項で説明する。

▌ TOGOWS による個別の塩基配列取得

TOGOWS（`http://togows.org/`）を使うと，個別の塩基配列やアミノ酸配列をコマンドラインから取得できる。

```
# TOGOWSを使ってDDBJのLC170036というエントリを取得
% curl -O http://togows.org/entry/ddbj-ddbj/LC170036
```

実行すると，カレントディレクトリに **LC170036** というファイルができる。取得したファイルの中身を確認しよう。

? 何て呼んだらいいの
TOGOWS
「トーゴーダブリューエス」

```
#  取得したファイルを見る
%  less LC170036
LOCUS          LC170036                 1302 bp     mRNA      linear
INV 17-JAN-2017
DEFINITION  Bombyx mori eno1 mRNA for enolase, complete cds.
ACCESSION   LC170036
VERSION     LC170036.1
KEYWORDS    .
（以下略）
```

◁◁ DDBJ形式については、『Dr. Bonoの生命科学データ解析第2版』のp.102「DDBJ (GenBank) 形式」を参照。

　　DDBJ データベース中の LC170036 というエントリに関するデータが取得できていることが確認できるだろう。このように，デフォルトでは，オリジナルの形式（DDBJ 形式）がダウンロードされる。なお，**less** の閲覧モードからもとのシェルに戻るには q キーを押せばよい。

◁◁ FASTA形式については，『Dr. Bonoの生命科学データ解析第2版』のp.98「FASTA形式」を参照。

　　また，BLAST 検索用に FASTA 形式のファイルがほしい場合には，この DDBJ 形式のファイルを自分で加工するよりは，取得形式を FASTA と指定して，再度取得し直すことをおすすめする。そのためには，URL の最後に **.fasta** を付加する。

```
#  .fastaを付与して取得すると
%  curl -O http://togows.org/entry/ddbj-ddbj/LC170036.fasta
#  FASTA形式のファイルが得られる
%  less LC170036.fasta
>LC170036|LC170036.1 Bombyx mori eno1 mRNA for enolase, complete cds.
atggtaataaaatcaatcaaggctcgtcaaatctttgactctcgtggcaaccctacagtg
gaagttgatctggtaacagagcttggcttgttccgggcagctgtaccctctggtgcctcc
actggtgttcatgaagctcttgaactgagagataacatcaagagtgaatatcatggcaag
ggagttttgaccgcaatcaaaaatatcaatgaactcattgctcctgaacttaccaaagcc
aaccttgaagtaacccaacagagagagattgatgaactcatgcttaagttggatggcact
（以下略）
```

　　これを実行すると，**LC170036.fasta** というファイル名で，このエントリの塩基配列が FASTA 形式で得られる。

　　そして，アミノ酸配列を得たい場合には，DB を変更して取得する。例えば，UniProt のエントリを取得する場合には，上記の例で **ddbj-ddbj** のところを **ebi-uniprot** に変更する。

```
#  TOGOWS経由でUniProtのアミノ酸配列を取得
% curl -O http://togows.org/entry/ebi-uniprot/HIF1_CAEEL.fasta
#  中身を確認
% less HIF1_CAEEL.fasta
>sp|G5EGD2|HIF1_CAEEL Hypoxia-inducible factor 1 OS=Caenorhabditis elegans
OX=6239 GN=hif-1 PE=1 SV=1
MEDNRKRNMERRRETSRHAARDRRSKESDIFDDLKMCVPIVEEGTVTHLDRIALLRVAAT
ICRLRKTAGNVLENNLDNEITNEVWTEDTIAECLDGFVMIVDSDSSILYVTESVAMYLGL
TQTDLTGRALRDFLHPSDYDEFDKQSKMLHKPRGEDTDTTGINMVLRMKTVISPRGRCLN
LKSALYKSVSFLVHSKVSTGGHVSFMQGITIPAGQGTTNANASAMTKYTESPMGAFTTRH
TCDMRITFVSDKFNYILKSELKTLMGTSFYELVHPADMMIVSKSMKELFAKGHIRTPYYR
（以下略）
```

　このような単一のエントリの取得では，コマンドライン処理によるご利益はそれほど感じられないかもしれない。しかし，これが複数ある場合はどうだろうか。一回ずつ，ウェブブラウザでの作業を繰り返すよりは，このコマンドライン操作を繰り返したほうが得策と考えるであろう。そのやり方は以下のとおりである。

繰り返し処理によるデータ取得（通し番号編）

　DDBJニュース「ハマウツボ科（*Orobanchaceae*）の5種の寄生植物の配列データ公開」（https://www.ddbj.nig.ac.jp/news/ja/2018-12-06_2.html）に記載されている配列データを取得することを例に説明しよう。この記事には，

Aeginetia indica

regions gained by horizontal gene transfer

　LC437098-LC437155（58 entries）

とある。この58エントリを1つずつ手作業でとってくるのはやればできるかもしれないが，以下のようにすると一網打尽である。

```
# 437098〜437155までを順に出力して，エントリ名を組み立てて順に取得，seq.fastaというファイルに追加保存
# 1行目のクオートはシングルクオートでなく，バッククオートであることに注意！
% for i in `seq 437098 437155`;
do
 echo "getting LC$i"
 curl http://togows.org/entry/ddbj-ddbj/LC$i.fasta >> seq.fasta
 sleep 1
done
# 中身を確認
% less seq.fasta
>LC437098|LC437098.1 Aeginetia indica gene for AiHT02-1, complete sequence.
tgaaaattggccaggaatttcgcgcaagagagatgaaaattgggaggaagagatgacgga
aagatttacttgattttggccacgaaatagaaatagccagcaatgttctccataagctat
ggttgggtagcgagtttaccgcaataagtgactagttattttggacgagtggatagataa
cctcttggagatatattcttgttaaaaaaaatctatattttagctaaaaagtaaatttac
（以下略）
```

ここでは **seq** というコマンドと **for..do;...done** による繰り返し処理がキーとなっていて，1 回ずつ取得する手間が省けている。ここで注意したいのは，一番最初の行のクオートはシングルクオート **'** ではなく，バッククオート **`** ということである。また，**>>** は追加書き込みをするというリダイレクトである。普通のリダイレクト **>** では，ファイルに書き込む前に前にあった中身が消されてしまう（上書き）。今回の例では，1 つずつファイルを取得してきて，それを 1 つのファイル（**seq.fasta**）に書き込んでいくことを想定しているので，この追加書き込みでないといけない。もし仮に普通のリダイレクトにしてしまった場合，最後に取得してきたエントリだけが **seq.fasta** に書き込まれる結果になる。

繰り返し処理によるデータ取得（リスト編）

また，各エントリのアクセッション番号が 1 つのファイルに書かれている場合はどうだろう。例えば，以下の内容の **entries.txt** というファイル

```
# https://github.com/bonohu/DrBonoDojo2/blob/master/2-5/entries.txt
# ファイルの中身を表示
% cat entries.txt
NM_001043619.1
NM_001043834.1
NM_001043893.2
LC229590
LC229591
LC229592
LC229593
```

には，改行区切りでアクセッション番号が複数書いてある。これらのすべての塩基配列を取得してくる例を示す。

```
# 区切り文字を改行に設定
% IFS=$'\n'
# 1行ずつ処理して配列取得，「エントリ名.fasta」でファイルに保存
# 1行目のクオートはシングルクオートではなく，バッククオートであることに注意！
% for entry in `cat entries.txt`
do
 curl -O http://togows.org/entry/ddbj-ddbj/$entry.fasta
done
```

GitHub ファイル取得

このファイル **for-cat-togows.sh** は，DrBonoDojo2 GitHub の3-1ディレクトリに置いてある。
https://github.com/bonohu/DrBonoDojo2/blob/master/2-5/for-cat-togows.sh

終わってから取得状況をみると，いくつかのエントリのファイルが 0 byte（空っぽ）になっているのがわかるだろう。

```
% ls -l
-rw-r--r-- 1 bono staff   0  2  3 16:10  NM_001043619.1.fasta
-rw-r--r-- 1 bono staff   0  2  3 16:10  NM_001043834.1.fasta
-rw-r--r-- 1 bono staff   0  2  3 16:10  NM_001043893.2.fasta
```

これは，NM からはじまる ID は RefSeq の ID であり，RefSeq は DDBJ や GenBank とは別に NCBI が作成しているリファレンスの配列データベースであるため，取得できていないのである。その NM のエントリだけ別ファイルにして **entriesNM.txt** として，以下のように対象 DB 名を変更して別途実行する必要がある。

```
# 区切り文字を改行に設定
% IFS=$'\n'
# ファイル名，データベース名を変更して再実行
% for entry in `cat entriesNM.txt`
do
 curl -O http://togows.org/entry/ncbi-nucleotide/$entry.fasta
done
```

GitHub **ファイル取得**

このファイル **for-cat-togows-NM.sh** は，DrBono Dojo2 GitHubの2-5ディレクトリに置いてある。
https://github.com/
bonohu/DrBonoDojo2/
blob/master/2-5/for-cat-
togows-NM.sh

 Dr. Bono から

常にエラーを確認しないといけない。また，生命科学系のDBに関する知識もある程度は持ち合わせていなければならない。そういった知識はトライアンドエラーで習得していくしかない。

このように DB の種類はまぜてはいけない。一貫性のある操作ができなくなるからである。もちろん，その DB にしかデータがない場合はしょうがないので，上記のように分けて実行する。

▎DB そのものの取得

個々のエントリの取得もだが，公共 DB 全体をとってくることもデータ解析の上で必要になってくる。大抵の場合，データ量が大きく，手持ちのストレージの容量がどれぐらいあるかを確認しつつ取得することを心がけてほしい。まずは，データをダウンロードしてくるディレクトリに **cd** を使って移動しておく。

データの統合については，p.186「3.6 データ統合解析」を参照。

コラム

DBエントリのバージョン

DBのアクセッション番号（エントリ名ともいう）は英数字で構成されているが，本文中の例でも出てきた，
　NM_001043893.2
のように.2のような表記が出てくることがある。これはNM_001043893とは何が違うのだろうか？

ここで出てきた.2がついた方は，バージョンつきのアクセッション番号と呼ばれる。一度登録されたデータがアップデートされて，NM_001043893.1であったのが，NM_001043893.2になったのだ。

それに対して，.2がついていない方が普段よくみるアクセッション番号で，普段はおもにこちらが論文などに記載され，流布している。普通はバージョンなしの番号が使われるのであるが，このようにバージョンつきのものもあるため，データを統合する際には気をつける必要がある。

```
# cdでdatadojoディレクトリに移動
% cd ~/Downloads/datadojo/
```

UniProtKB：UniProtKB はもともと SwissProt と呼ばれていた，Curation
されたタンパク質配列だけを含むデータセットである。そのデータセットに
対応するタンパク質配列は，以下の URL で取得可能である。

？ 何て呼んだらいいの

UniProtKB
「ユニプロットケービー」
SwissProt
「スイスプロット」

```
# UniProtKB全体のFASTA形式ファイルを取得
% curl -O ftp://ftp.uniprot.org/pub/databases/uniprot/current_release/
knowledgebase/complete/uniprot_sprot.fasta.gz
```

　執筆時点で，データサイズは約 87.2 M byte あるため，ダウンロードには
少々時間がかかる。

Ensembl human genome の塩基配列を FASTA 形式でファイル取得：特
に需要が多いであろう，リファレンスヒトゲノム配列を取得してくる例を以
下に示す。

```
# ヒトゲノムアセンブリ（GRCh38）のFASTA形式ファイルを取得
% curl -O ftp://ftp.ensembl.org/pub/current_fasta/homo_sapiens/dna/
Homo_sapiens.GRCh38.dna.toplevel.fa.gz
```

　ヒトゲノムは約 30 億塩基長あり，1 塩基を 1 byte で表現すると約 3 G
byte となるが，gzip 圧縮すると約 1 G byte となる。その圧縮されたファイ
ルが FTP サイトに置かれている。そのため，ファイルを展開するとさらに大
きくなるので，ディスクの残り容量に要注意。また，圧縮されていてもダウ
ンロードには少々時間がかかるので，気長に待とう。

？ 何て呼んだらいいの

lftp
「エルエフティーピー」

lftpによる再帰的なバッチスクリプトを用いた取得

　データセット（あるいは DB）をローカルに取得することは，コマンドライ
ンで解析する上で必要不可欠である。**curl** や **wget** に加えて，FTP によるデー
タ取得でよく使われるツールが **lftp** である。lftp は Anaconda でインスト
ールできる*。

✳

Apple silicon Mac では 現
状condaではインストール
できないが，他のツール同
様にHomebrewを使えば
インストールできる。
`% brew install lftp`

```
# Anacondaでlftpをインストール
%  conda install lftp
# lftpと入力してENTERキーを押し，プロンプトが出たらインストール成功
# exitと入力するとシェルに復帰できる
%  lftp
lftp :~>
```

　lftp を使って，Ensembl にある生物のアミノ酸配列データを丸ごと全部取得する例を紹介する。

　まずは，取得すべきファイルのリストを取得する。以下の内容を **get_ensembl_list.sh** として保存する。

GitHub ファイル取得

このファイル **get_ensembl_list.sh** は，DrBonoDojo2 GitHubの2-5ディレクトリに置いてある。
https://github.com/bonohu/DrBonoDojo2/blob/master/2-5/get_ensembl_list.sh

get_ensembl_list.sh

```
#!/bin/sh
# script to list of files in FTP site
lftp <<-END
 open ftp.ensembl.org/pub/current_fasta
 find
END
```

　そして，**get_ensembl_list.sh** を実行する。Ensembl で公開している FASTA 形式のファイルすべてのリストを取得するため，時間がかかる。しばらく待とう。

```
# シェルスクリプトを実行し，結果をファイルに保存する。
%  sh get_ensembl_list.sh > ensembl_list.txt
```

　取得した結果は ftp://ftp.ensembl.org/pub/current_fasta/ 以下にあるファイルリストである。

```
# 得られたファイルリストを確認
% less ensembl_list.txt
./
./acanthochromis_polyacanthus/
./acanthochromis_polyacanthus/cdna/
./acanthochromis_polyacanthus/cdna/Acanthochromis_polyacanthus.ASM210954v1.
cdna.abinitio.fa.gz
./acanthochromis_polyacanthus/cdna/Acanthochromis_polyacanthus.ASM210954v1.
cdna.all.fa.gz
./acanthochromis_polyacanthus/cdna/CHECKSUMS
./acanthochromis_polyacanthus/cdna/README
./acanthochromis_polyacanthus/cds/
./acanthochromis_polyacanthus/cds/Acanthochromis_polyacanthus.ASM210954v1.cds.
all.fa.gz
./acanthochromis_polyacanthus/cds/CHECKSUMS
./acanthochromis_polyacanthus/cds/README
./acanthochromis_polyacanthus/dna/
./acanthochromis_polyacanthus/dna/Acanthochromis_polyacanthus.ASM210954v1.dna.
nonchromosomal.fa.gz
./acanthochromis_polyacanthus/dna/Acanthochromis_polyacanthus.ASM210954v1.dna.
toplevel.fa.gz
./acanthochromis_polyacanthus/dna/Acanthochromis_polyacanthus.ASM210954v1.dna_
rm.nonchromosomal.fa.gz
./acanthochromis_polyacanthus/dna/Acanthochromis_polyacanthus.ASM210954v1.dna_
rm.toplevel.fa.gz
./acanthochromis_polyacanthus/dna/Acanthochromis_polyacanthus.ASM210954v1.dna_
sm.nonchromosomal.fa.gz
./acanthochromis_polyacanthus/dna/Acanthochromis_polyacanthus.ASM210954v1.dna_
sm.toplevel.fa.gz
./acanthochromis_polyacanthus/dna/CHECKSUMS
./acanthochromis_polyacanthus/dna/README
./acanthochromis_polyacanthus/dna_index/
./acanthochromis_polyacanthus/dna_index/Acanthochromis_polyacanthus.
ASM210954v1.dna.toplevel.fa.gz
./acanthochromis_polyacanthus/dna_index/Acanthochromis_polyacanthus.
ASM210954v1.dna.toplevel.fa.gz.fai
./acanthochromis_polyacanthus/dna_index/Acanthochromis_polyacanthus.
ASM210954v1.dna.toplevel.fa.gz.gzi
./acanthochromis_polyacanthus/dna_index/CHECKSUMS
./acanthochromis_polyacanthus/ncrna/
./acanthochromis_polyacanthus/ncrna/Acanthochromis_polyacanthus.ASM210954v1.
ncrna.fa.gz
./acanthochromis_polyacanthus/ncrna/CHECKSUMS
./acanthochromis_polyacanthus/ncrna/README
./acanthochromis_polyacanthus/pep/
./acanthochromis_polyacanthus/pep/Acanthochromis_polyacanthus.ASM210954v1.pep.
abinitio.fa.gz
```

```
./acanthochromis_polyacanthus/pep/Acanthochromis_polyacanthus.ASM210954v1.pep.
all.fa.gz
./acanthochromis_polyacanthus/pep/CHECKSUMS
./acanthochromis_polyacanthus/pep/README
./accipiter_nisus/
./accipiter_nisus/cdna/
（以下略）
```

　　　　　　この中から必要なファイルだけ選別して実際のファイルを取得するわけである。今回は，BLAST 検索に使うタンパク質配列のファイルだけを取得することにする。上のファイルリストだと **./acanthochromis_polyacanthus/pep/Acanthochromis_polyacanthus.ASM210954v1.pep.all.fa.gz** がそれに該当する。このタンパク質配列の FASTA ファイルは，ファイル名の末尾が **pep.all.fa.gz** となっているようなので，それをパターンとして **grep** してみる。そうすると，

```
# pep.all.fa.gzを検索キーとして，ensembl_list.txtに対してgrep
% grep pep.all.fa.gz ensembl_list.txt
./acanthochromis_polyacanthus/pep/Acanthochromis_polyacanthus.ASM210954v1.pep.
all.fa.gz
./ailuropoda_melanoleuca/pep/Ailuropoda_melanoleuca.ailMel1.pep.all.fa.gz
./amphilophus_citrinellus/pep/Amphilophus_citrinellus.Midas_v5.pep.all.fa.gz
./amphiprion_ocellaris/pep/Amphiprion_ocellaris.AmpOce1.0.pep.all.fa.gz
./amphiprion_percula/pep/Amphiprion_percula.Nemo_v1.pep.all.fa.gz
./anabas_testudineus/pep/Anabas_testudineus.fAnaTes1.1.pep.all.fa.gz
./anas_platyrhynchos/pep/Anas_platyrhynchos.BGI_duck_1.0.pep.all.fa.gz
./anolis_carolinensis/pep/Anolis_carolinensis.AnoCar2.0.pep.all.fa.gz
./aotus_nancymaae/pep/Aotus_nancymaae.Anan_2.0.pep.all.fa.gz
./astatotilapia_calliptera/pep/Astatotilapia_calliptera.fAstCal1.2.pep.all.
fa.gz
./astyanax_mexicanus/pep/Astyanax_mexicanus.Astyanax_mexicanus-2.0.pep.all.
fa.gz
./bos_taurus/pep/Bos_taurus.ARS-UCD1.2.pep.all.fa.gz
./caenorhabditis_elegans/pep/Caenorhabditis_elegans.WBcel235.pep.all.fa.gz
（以下略）
```

GET はlftpにおいてファイルを取得するコマンド。最終的にできるバッチスクリプトで確認してほしい。

となって，確かにタンパク質配列のファイルだけがこの **grep** でフィルタできるようである。そこで，さらに **awk** を使って，それぞれのファイル名の前に **GET** * という文字とスペースを入れて出力されるようにしてみる。それには，前のコマンドの出力を，次のコマンドの入力に入れる，パイプ | を使う。

```
# awkコマンドを使って，grepした結果の前に'GET 'という文字（スペースを含めて）が出力されるようにする
% grep pep.all.fa.gz ensembl_list.txt | awk '{ print "GET "$1 }' | less
GET ./acanthochromis_polyacanthus/pep/Acanthochromis_polyacanthus.ASM210954v1.
pep.all.fa.gz
GET ./ailuropoda_melanoleuca/pep/Ailuropoda_melanoleuca.ailMel1.pep.all.fa.gz
GET ./amphilophus_citrinellus/pep/Amphilophus_citrinellus.Midas_v5.pep.all.
fa.gz
GET ./amphiprion_ocellaris/pep/Amphiprion_ocellaris.AmpOce1.0.pep.all.fa.gz
GET ./amphiprion_percula/pep/Amphiprion_percula.Nemo_v1.pep.all.fa.gz
GET ./anabas_testudineus/pep/Anabas_testudineus.fAnaTes1.1.pep.all.fa.gz
GET ./anas_platyrhynchos/pep/Anas_platyrhynchos.BGI_duck_1.0.pep.all.fa.gz
GET ./anolis_carolinensis/pep/Anolis_carolinensis.AnoCar2.0.pep.all.fa.gz
GET ./aotus_nancymaae/pep/Aotus_nancymaae.Anan_2.0.pep.all.fa.gz
GET ./astatotilapia_calliptera/pep/Astatotilapia_calliptera.fAstCal1.2.pep.
all.fa.gz
GET ./astyanax_mexicanus/pep/Astyanax_mexicanus.Astyanax_mexicanus-2.0.pep.
all.fa.gz
GET ./bos_taurus/pep/Bos_taurus.ARS-UCD1.2.pep.all.fa.gz
GET ./caenorhabditis_elegans/pep/Caenorhabditis_elegans.WBcel235.pep.all.fa.gz
（以下略）
```

　この例のようにパイプは何個もつなぐことができる。**awk** で処理された出力は，**less** の入力となり，長い結果がざっと流れてしまわず，1 ページごとみられるようになる。

　うまく出力できているようなので，これを **ensembl_pep.txt** というファイルに出力する。

```
# 今度は結果をファイルに保存
% grep pep.all.fa.gz ensembl_list.txt | awk '{ print
"GET "$1 }' > ensembl_pep.txt
```

ensembl_list-header.txt というファイル

ensembl_list-header.txt

```
#!/bin/sh
lftp <<-END
 open ftp.ensembl.org/pub/current_fasta
```

GitHub ファイル取得

これらのファイル **ensembl_list-header.txt** と **ensembl_list-footer.txt** は，DrBonoDojo2 GitHub の 3-1 ディレクトリに置いてある。
https://github.com/bonohu/DrBonoDojo2/blob/master/3-1/

と `ensembl_list-footer.txt`

ensembl_list-footer.txt

```
END
```

という内容のファイルを用意して，これら3つのファイルを連結して実際の
ファイル取得バッチスクリプトを完成させる。

```
# 3つのファイルを連結
% cat␣ensembl_list-header.txt␣ensembl_pep.txt␣ensembl_
list-footer.txt␣>␣ensembl_pep.sh
```

できた `ensembl_pep.sh` は以下のようになる。

ensembl_pep.sh

```
#!/bin/sh
lftp <<-END
        open ftp.ensembl.org/pub/current_fasta
GET ./acanthochromis_polyacanthus/pep/Acanthochromis_polyacanthus.
ASM210954v1.pep.all.fa.gz
GET ./ailuropoda_melanoleuca/pep/Ailuropoda_melanoleuca.ailMel1.pep.all.
fa.gz
GET ./amphilophus_citrinellus/pep/Amphilophus_citrinellus.Midas_v5.pep.
all.fa.gz
GET ./amphiprion_ocellaris/pep/Amphiprion_ocellaris.AmpOce1.0.pep.all.
fa.gz
GET ./amphiprion_percula/pep/Amphiprion_percula.Nemo_v1.pep.all.fa.gz
GET ./anabas_testudineus/pep/Anabas_testudineus.fAnaTes1.1.pep.all.fa.gz
GET ./anas_platyrhynchos/pep/Anas_platyrhynchos.BGI_duck_1.0.pep.all.fa.gz
GET ./anolis_carolinensis/pep/Anolis_carolinensis.AnoCar2.0.pep.all.fa.gz
GET ./aotus_nancymaae/pep/Aotus_nancymaae.Anan_2.0.pep.all.fa.gz
GET ./astyanax_mexicanus/pep/Astyanax_mexicanus.Astyanax_mexicanus-
2.0.pep.all.fa.gz
GET ./astatotilapia_calliptera/pep/Astatotilapia_calliptera.
fAstCal1.2.pep.all.fa.gz
GET ./astatotilapia_calliptera/pep/Astatotilapia_calliptera.
fAstCal1.2.pep.all.fa.gz
GET ./bos_taurus/pep/Bos_taurus.ARS-UCD1.2.pep.all.fa.gz
```

```
GET ./caenorhabditis_elegans/pep/Caenorhabditis_elegans.WBcel235.pep.all.
fa.gz
  (中略)
END
```

　これを実行すると，現在いるディレクトリに Ensembl で公開されている生
物種のタンパク質配列をすべてとってくることができる。取得には時間がか
かり，途中でタイムアウトする可能性も考えられる。そこで，2.4 節で紹介
した **byobu** を起動してから実行したほうがよいだろう。

▷ **byobu** については，p.63 「2.4 ネットワークを介して遠隔の コンピュータを操作する」の 「byobu」を参照。

```
# ダウンロードしてくるファイルを入れるディレクトリを作成する
% mkdir ensembl_pep-fa
# そのディレクトリensembl_pep-faに移動
% cd ensembl_pep-fa
# ダウンロードスクリプトは今いるディレクトリの親ディレクトリにあるので，以下のように実行
% sh ../ensembl_pep.sh
# ちゃんとダウンロードされたか，lsで確認
% ls -l
total 1451480
-rw-r--r-- 1 bono staff  9960885 11 24 11:45 Acanthochromis_polyacanthus.
ASM210954v1.pep.all.fa.gz
-rw-r--r-- 1 bono staff  7739919 11 24 04:32 Ailuropoda_melanoleuca.
ailMel1.pep.all.fa.gz
-rw-r--r-- 1 bono staff  9056720 11 24 21:56 Amphilophus_citrinellus.Midas_
v5.pep.all.fa.gz
-rw-r--r-- 1 bono staff  9930216 11 24 14:34 Amphiprion_ocellaris.
AmpOce1.0.pep.all.fa.gz
-rw-r--r-- 1 bono staff  9992959 11 23 22:11 Amphiprion_percula.Nemo_v1.
pep.all.fa.gz
-rw-r--r-- 1 bono staff 10493864 11 24 21:33 Anabas_testudineus.
fAnaTes1.1.pep.all.fa.gz
-rw-r--r-- 1 bono staff  5849349 11 25 01:31 Anas_platyrhynchos.BGI_
duck_1.0.pep.all.fa.gz
-rw-r--r-- 1 bono staff  7142225 11 24 13:18 Anolis_carolinensis.
AnoCar2.0.pep.all.fa.gz
-rw-r--r-- 1 bono staff  9639757 11 24 20:54 Aotus_nancymaae.Anan_2.0.pep.
all.fa.gz
-rw-r--r-- 1 bono staff 11570053 11 25 04:49 Astatotilapia_calliptera.
fAstCal1.2.pep.all.fa.gz
```

```
-rw-r--r-- 1 bono staff 11384047 11 24 07:40 Astyanax_mexicanus.Astyanax_
mexicanus-2.0.pep.all.fa.gz
-rw-r--r-- 1 bono staff  9823103 11 25 06:34 Bos_taurus.ARS-UCD1.2.pep.
all.fa.gz
-rw-r--r-- 1 bono staff  6633418 11 24 19:41 Caenorhabditis_elegans.
WBcel235.pep.all.fa.gz
（以下略）
```

　一つ気をつけねばならないのは，この種のダウンロードの際，ファイルだけできているがサイズが 0（要するに空っぽ）のことがある。そこで単に **ls** ではなく，**ls　-l** してファイルサイズがそれなりにあるかを確認することを習慣づけるとよいだろう。

　このダウンロードしたファイル群は，第 3 章の BLAST 検索で検索対象 DB として使うので，消したりせぬように。

> **コラム**
>
> ## MD5とは
>
> 　message digest algorithm5 の略で、ある長さのデータをもとにして128 ビットの値を計算するアリゴリズムで、入力データが同じであれば必ず同じ値になるが、ちょっとでも違うと全く異なる値が得られる。その性質を利用して、データ発信（送信）側とデータ受信側の両方でその値が一致すればきちんとデータが転送できたと確認する手段として利用されている。データが巨大になると途中の通信エラーによってデータが失われる期待値が高くなるため、NGSデータの送受信で頻繁に利用されている。データ送信側では、（そのファイル名）.md5や、md5sum.txtなどのファイル名でMD5値を提供していることが多い。またデータ受信側においては、md5sumコマンドを用いて、以下のようにMD5値を計算することができる。
>
> ```
> # カレントディレクトリの全てのMD5値を計算
> % md5sum *
> ```

3 実践編

本章では実際のデータ解析手法を通して実践的に，コマンドラインでの操作を解説する。各項目は独立しており，それぞれ別に読むことができる。場合によっては，より詳しい説明は第2章基礎編の関連箇所にあるので，そこに立ち戻って理解を深めてほしい。本章ではさらなる補足説明を加えてある。

多くのコマンドでは，引数なしで実行したり，**-h**，**-help**，**--help** とオプションをつけて実行したりすると，使い方のヘルプが出るようになっている。それを使って紹介したツールをより深く調べて，使いこなすようになってほしい。

3.1 ゲノム配列解析の初歩

生命科学データ解析において，共通して必要とされる解析手法として，手持ちの断片配列（リードと呼ぶ）をゲノム配列に対してマッピングすることがあげられる（図3.1）。

・ゲノム配列解読
・バリアント（個体差）解析
・発現解析（RNA，タンパク質）
・エピゲノム解析
・メタゲノム解析

NGSについてはp.16を参照。

図3.1 NGS解析＊概要

　　データ解析入門の本書では個別のデータ解析手法には立ち入らないが，その共通して必要となっているゲノムマッピングに関して，本節で説明する。ゲノムマッピングそのものだけでなく，それを行うために必要なリファレンスゲノム配列データの取得，それに対してマッピングするリードを公共塩基配列データベースから入手する方法を含めて以下で解説する。

■ リファレンスゲノム配列データの取得

　　ヒトやマウスなどのモデル生物はゲノム配列解読に改良が重ねられてきたため，ゲノム配列（ゲノムアセンブリともいう）に複数のバージョンが存在する。ゲノム配列はバージョンが同じであればダウンロード元が異なっていても同じ中身となっている。例えば 2 章の例では Ensembl からのヒトゲノム配列をダウンロードする例を挙げているが，これを NCBI からダウンロードしても中身は同じということである。

　　これらの中からリファレンスとすべきゲノム配列が選ばれており，その時点で最良と考えられる配列セットがリファレンスゲノム配列データとして提供されている。例えば，マウスの場合，執筆時点でのリファレンスゲノム配列データは GRCm39 と呼ばれるゲノムアセンブリである（図 3.2, https://www.ncbi.nlm.nih.gov/data-hub/genome/GCF_000001635.27/）。このページの curl ボタンを押すとポップアップウィンドウにダウンロードコマンドが表示される（図 3.3）。それをコピーし，コマンドラインで以下のように実行すると，マウスのリファレンスゲノム配列データがダウンロードできる。

```
% curl -OJX GET "https://api.ncbi.nlm.nih.gov/datasets/v2alpha/genome/
accession/GCF_000001635.27/download?include_annotation_type=GENOME_
FASTA,GENOME_GFF,RNA_FASTA,CDS_FASTA,PROT_FASTA,SEQUENCE_REPORT&filename=G
CF_000001635.27.zip" -H "Accept: application/zip"
```

　　非モデル生物を含めたそれ以外の生物種の場合であっても NCBI Genome のウェブサイト（https://www.ncbi.nlm.nih.gov/datasets/genome/）から学名で検索することによってそのゲノム配列データがすでに NCBI に登録されているか，その中でリファレンスとすべきものはどれかが分かる（図 3.4）。

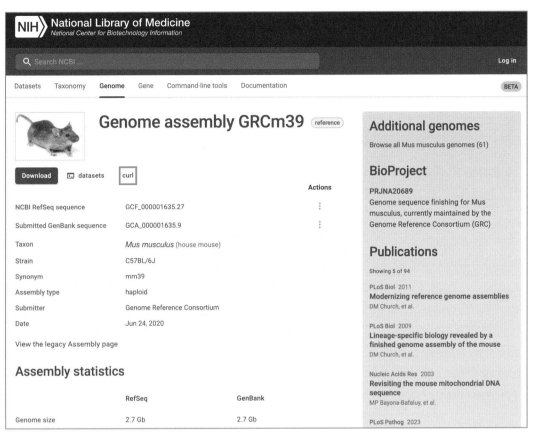

図3.2 Genome assembly GRCm39のウェブページ

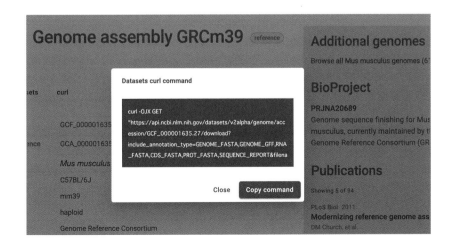

図3.3　図3.1.2でcurlをクリックしたときに現れるサブウインドウ　このゲノム配列をダウンロードするためのコマンドが示されている。

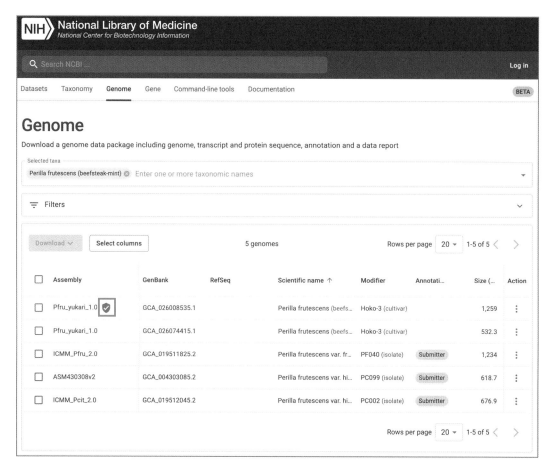

図3.4 NCBI Genomeから アカシソ（*Perilla frutescens*）を検索した結 果 チェックが入っているも のがリファレンスゲノム配列 として推奨のアセンブリであ る。

ただゲノムにマッピングするだけならどこから取得しても構わないのであ るが，どこに遺伝子があるか（ゲノムアノテーション），その遺伝子の機能は 何か（機能アノテーション），他の生物種のカウンターパートの遺伝子（オー ソログ遺伝子）はどれか，といった情報を含めて考えると，利用したい「ア ノテーション」情報を持つサイトの情報で揃えて使った方が良い。例えば， GENCODE（https://www.gencodegenes.org/）のアノテーションを使 いたいのであれば最初からヒトゲノムリファレンス配列は GENCODE からダ ウンロードした方が良かろう。

■ コマンドラインでの SRA からのデータ取得

自らシークエンスしたデータの場合，FASTQ 形式となっていることがほと んどだろう。しかしながら，NGS データのデータベース Sequence Read

Archive（SRA）には SRA 形式として保存されている*。SRA 形式のファイルを取得する方法は SRA のウェブインターフェースからダウンロードするなど複数存在するが，ここでは SRA の RUN ID がわかっている場合のコマンドラインでの取得方法を説明する。

　まず，Bioconda を使って SRA Toolkit をインストールする。SRA Toolkit をインストールすると以下で使用する **prefetch** と **fasterq-dump** など，有用なツールが同時にインストールされる。
　なお，以下で紹介する SRA Toolkit のバージョンは 3.0.5 である。

```
# SRA Toolkitのインストール*
% conda install -c bioconda sra-tools
```

そして，ダウンロードしたい複数の SRA の Run ID（SRR ID）を改行区切りで **SRR.txt** というファイル名で保存する。

SRR.txt

```
DRR100656
DRR100657
DRR006760
```

このファイルを使って，**prefetch** コマンドでダウンロードすることができる。この例のデータサイズの場合，著者の環境では一つ当たり約 50 分でダウンロードが完了した*。

```
# prefetch実行
% prefetch --option-file SRR.txt
# 終了後，ダウンロードされたファイルをチェックする
% ls -lR
.:
total 0
drwxr-xr-x 3 bono staff 96  4 30 11:15 DRR006760
drwxr-xr-x 3 bono staff 96  4 30 12:29 DRR100656
drwxr-xr-x 3 bono staff 96  4 30 13:17 DRR100657

./DRR006760:
total 7290884
```

```
-rw-r--r-- 1 bono staff 7463496596  4 30 11:15
DRR006760.sra

./DRR100656:
total 1884164
-rw-r--r-- 1 bono staff 1926035002  4 30 12:29
DRR100656.sra

./DRR100657:
total 1835016
-rw-r--r-- 1 bono staff 1867741241  4 30 13:17
DRR100657.sra
```

　　SRA 用に圧縮された SRA 形式のファイルが, そのコマンドを実行したディ
レクトリ（カレントディレクトリ）に SRR ID ごとにその ID 名でディレクト
リが作成されて, そこにそれぞれ保存される。これらを **fasterq-dump** を使っ
て FASTQ ファイルを生成する。かつては **fastq-dump** というプログラムが
使われてきたが, 現在ではより高速な処理が可能となったこの **fasterq-
dump** が広く使われている。**fasterq-dump** は NCBI が配布している SRA
Toolkit に含まれているプログラムで, 上述の操作ですでにインストールされ
ている。

```
# 取得してきたSRAファイルの展開
% fasterq-dump DRR100656/DRR006760.sra
% fasterq-dump DRR100656/DRR100656.sra
% fasterq-dump DRR100657/DRR100657.sra
# できたファイルをチェック
% ls -l
total 31748096

drwxr-xr-x 3 bono staff          96  4 30 11:15 DRR006760
-rw-r--r-- 1 bono staff 19971878034  4 30 13:32 DRR006760_1.fastq
-rw-r--r-- 1 bono staff 20201648390  4 30 13:32 DRR006760_2.fastq
drwxr-xr-x 3 bono staff          96  4 30 12:29 DRR100656
-rw-r--r-- 1 bono staff  8210848696  4 30 13:32 DRR100656_1.fastq
-rw-r--r-- 1 bono staff  8210848696  4 30 13:32 DRR100656_2.fastq
drwxr-xr-x 3 bono staff          96  4 30 13:17 DRR100657
-rw-r--r-- 1 bono staff  8034305586  4 30 13:32 DRR100657_1.fastq
-rw-r--r-- 1 bono staff  8034305586  4 30 13:32 DRR100657_2.fastq
```

これらは，ペアエンド（paired-end）のため，1run につき，2 つのファイルが生成される＊。ペアエンド以外にシングルエンドの場合もあるが，**fasterq-dump** はそれを自動で認識して展開してくれる。

実は，**fasterq-dump** は，別個に SRA ファイルをダウンロードしてこなくても，SRA RUN ID を指定すると直接 NCBI からダウンロードしてきて FASTQ に展開してくれる機能も持っている（3.2 節参照）。

このペアエンドの対になっている2つのファイルは行数が同一のはずで，その結果，ファイルサイズも同一となることが多い。この例の場合，DRR100656とDRR100657はそうなっているが，DRR006760はそうなっていない。しかし，行数を確認すると，
% wc -l DRR006760_1.
fastq DRR006760_2.
fastq
 229770356
DRR006760_1.fastq
 229770356
DRR006760_2.fastq
 459540712 total
となり，同一であることが確認できる。

```
# fasterq-dumpコマンドでSRAファイルを取得＆展開
% fasterq-dump DRR006760
% fasterq-dump DRR100656
% fasterq-dump DRR100657
```

さて，FASTQ はそのままだとテキストファイルで，ファイルサイズが大きいため，**gzip** 圧縮しておく。並列に **gzip** 圧縮してくれる **pigz** コマンドを用いると効率よく圧縮してくれる。

```
# 今いるディレクトリにある.fastqで終わるファイルを全てgzip圧縮
% pigz *.fastq
# 圧縮されたファイルをチェック
% ls -l
total 6162640
drwxr-xr-x 3 bono staff          96  4 30 11:15 DRR006760
-rw-r--r-- 1 bono staff  5136219002  4 30 13:32 DRR006760_1.fastq.gz
-rw-r--r-- 1 bono staff  5229437917  4 30 13:32 DRR006760_2.fastq.gz
drwxr-xr-x 3 bono staff          96  4 30 12:29 DRR100656
-rw-r--r-- 1 bono staff  1580318331  4 30 13:32 DRR100656_1.fastq.gz
-rw-r--r-- 1 bono staff  1597294024  4 30 13:32 DRR100656_2.fastq.gz
drwxr-xr-x 3 bono staff          96  4 30 13:17 DRR100657
-rw-r--r-- 1 bono staff  1527954108  4 30 13:32 DRR100657_1.fastq.gz
-rw-r--r-- 1 bono staff  1560002952  4 30 13:32 DRR100657_2.fastq.gz
```

並列版 **gzip** の **pigz** を使ってもすぐには終わらず，それなりに時間がかかる。しかしながら，上の圧縮前のファイルサイズと比較してわかる通り，約 1/5 になっている。ディスクスペースは有限なので，このようにこまめにファイル圧縮を行なっておくことがデータ解析においては必須である＊。

ペアエンドの対となっている2つのファイルは圧縮するとこの例のようにファイルサイズが異なる。それはファイルの中身が異なるため，圧縮効率に違いが出るためである。

▌ゲノムマッピング

 bwaとBowtieについては
『Dr. Bonoの生命科学データ解析
第2版』p.145も参照。

？ 何て呼んだらいいの

bwa
「ビーダブリューエー」
Bowtie
「ボウタイ」

ゲノム配列にリードをマッピングするための手法・プログラムはいくつも
ある。3.2節で紹介する配列類似性検索による方法が20世紀からよく使わ
れており，現在でも現役である。21世紀に入ってリファレンスゲノム配列に
対して短い配列（リード）をマッピングすることに特化した手法が開発され，
その実装（プログラム）が広く使われるようになった。それが以下に紹介す
るbwaとBowtieである*。いずれの場合も以下の手順は共通である。

1. リファレンスゲノム配列をその検索プログラム用のインデックス作成
2. ゲノムへのマッピング
3. ゲノムに対するSAM形式のアラインメント結果をBAM形式に変換（各
   プログラム共通）

ここではGENCODEから以下のコマンドでダウンロードしたリファレンス
ヒトゲノム配列（GRCh38）を用いて説明する。

```
% curl -O https://ftp.ebi.ac.uk/pub/databases/gencode/
Gencode_human/release_43/GRCh38.p13.genome.fa.gz
```

bwa

bwa（Burrows-Wheeler Aligner）は主にバリアント解析でよく使われて
いるゲノムマッピングのツールである。

まずはbwaをインストールして，利用するゲノム配列のインデックスを作
成する。なお，以下で例に示すbwaは，Version: 0.7.17-r1188である。

```
# bwaのインストール*
% conda install -c bioconda bwa
# bwa用のゲノム配列インデックスの作成
% bwa index GRCh38.p13.genome.fa.gz
```

✳

執筆時点ではApple silicon
MacではBiocondaを使っ
てbwaをインストールでき
ない。そこで，Homebrew
を使ってインストールする
のをおすすめする。
% brew install bwa

インデックスの作成には時間がかかる*。

```
# bwaによるゲノムマッピング*
% bwa mem -t 10 GRCh38.p13.genome.fa.gz DRR006760_1.
fastq.gz DRR006760_2.fastq.gz > DRR006760_bwa.sam
```

著者の環境では，このヒト ゲノム の 例 で 約46分 か かった。

著者の環境では，このヒト ゲノムにDRR006760の配 列をマッピングするのに約 30分かかった。

Bowtie

Bowtie は ChIP-Seq や ATAC-Seq 解析などで広く使われているゲノムマッ ピングのツールである。そのバージョン 2 である Bowtie2 が現在よく使われ ている。なお，以下で例に示す Bowtie2 のバージョンは，2.5.1 である。まず， Bowtie2 をインストールする。

```
# Bowtie2のインストール*
% conda install -c bioconda bowtie2
```

執筆時点ではApple silicon Mac ではBiocondaを使っ てbowtie2をインストール で き な い。 そ こ で, Homebrewを使ってインス トールするのをおすすめす る。
% **brew install bowtie2**

次に利用するゲノム配列のインデックスを作成するのであるが，いくつか のよく使われるゲノムアセンブリに対してはすでに作成済みのインデックス ファイルが Bowtie2 のサイト https://bowtie-bio.sourceforge.net/ bowtie2/index.shtml からダウンロード可能である。

```
# Bowtie2用のゲノム配列インデックスの作成
% bowtie2-build --threads 10 -f GRCh38.p13.genome.
fa.gz GRCh38
```

インデックスの作成には時間がかかる*。

著者の環境では，このヒト ゲノム の 例 で 約23分 か かった。

```
# Bowtie2によるゲノムマッピング*
% bowtie2 --threads 10 -x GRCh38 -1 DRR006760_1.fastq.
gz -2 DRR006760_2.fastq.gz -S DRR006760_bowtie.sam
```

著者の環境では，このヒト ゲノムにDRR006760の配 列をマッピングするのに約 45分かかった。

SAM 形式のファイルは, テキストなのでファイルサイズが大きい。BAM 形式のファイルに変換するとバイナリとなり, 圧縮される。また必要であれば, BAM から SAM に可逆的に変換することも可能である。なので, BAM に変換して元の SAM ファイルは消去してしまっても問題ない。

執筆時点では Apple silicon Mac では Bioconda を使って samtools をインストールできない。そこで, Homebrew を使ってインストールすることをおすすめする。
```
% brew install samtools
```

SAM-BAM 変換

　得られた SAM 形式のゲノム配列に対するアライメント情報をもとにデータ解析を続けることになる。その際, しばしばソートされた BAM 形式のファイルが要求される。そこで, SAM 形式のファイルを BAM 形式に変換しソートする必要がある＊。そのためには, まず samtools をインストールする。なお, 以下で例に示す samtools のバージョンは, 1.17 である。

```
# samtoolsのインストール＊
% conda install -c bioconda samtools
```

　そして, samtools を実行。同じコマンドの別のオプションによって, SAM-BAM 変換, ソートを実行する。

```
# samtoolsで一つのファイルをSAMをBAMに変換, ソート
% samtools view -@ 10 -bS DRR006760.sam > DRR006760_tmp.bam
% samtools sort -@ 10 -o DRR006760.bam DRR006760_tmp.bam
```

　同じディレクトリにある複数の SAM ファイルを全て一気に変換する場合, 以下のスクリプトで実行すると良い

```
#!/bin/sh
p=4
tmp=/tmp
for f in *.sam;
  do g="${f%.*}"
  echo $g
  samtools view -@ $p -bS $g.sam | samtools sort -@ $p -T $tmp/$g.$$ -o $g.bam -
done
```

　BAM ファイルに変換した後の解析に関しては, 各論になるので, ここでは詳細は述べない。リシークエンスに関しては,『次世代シークエンサー DRY 解析教本改訂第 2 版』(清水厚志, 坊農秀雅 編著, 学研メディカル秀潤社,

2019 年）の「疾患ゲノム解析」の項や，そこで使われているコードのレポ
ジトリ(https://github.com/misshie/ngsdat2/)，ChIP-Seq や ATAC-
Seq に関しては，『次世代シークエンサー DRY 解析教本改訂第 2 版』（同前）
の「エピゲノム解析（ChIP-Seq）」の項などを参照。

▍スプライスマッピング

　リードが RNA シーケンス（RNA-seq）の場合には，ゲノム配列にマッピ
ングする際にスプライシングを考慮しなければならない。そのため，また別
の専用のプログラムを使う。よく使われているのは HISAT2 や STAR といっ
たプログラムである。

　これらのツールで得られる結果はゲノムに対するアライメントファイル
（SAM 形式）で，下流の解析に持っていくには，bwa や Bowtie2 と同様に
samtools を使って BAM に変換し，ソート処理する必要がある。

> **？ 何て呼んだらいいの**
>
> **HISAT2**
> 「ハイサットツー」
> **STAR**
> 「スター」

HISAT

　Bowtie2 同様，HISAT もそのバージョン 2 である HISAT2 が広く使われ
ている。以下で例に示す HISAT2 のバージョンは，2.2.1 である。

```
# HISAT2のインストール＊
% conda install -c bioconda hisat2
```

　次に利用するゲノム配列のインデックスを作成するのだが，いくつかのよ
く使われるゲノムアセンブリに対してはすでに作成済みのインデックスファ
イルが HISAT2 のサイト https://daehwankimlab.github.io/hisat2/
download/ からダウンロード可能である。

```
# リファレンスゲノム配列のgzip圧縮は展開しておく必要がある
% pigz -d GRCh38.p13.genome.fa.gz
# Bowtie2用のゲノム配列インデックスの作成
% ./hisat2-2.2.1/hisat2-build -p 10 -f GRCh38.p13.
genome.fa GRCh38
```

執筆時点では Apple silicon
Mac では Bioconda を使っ
て HISAT2 をインストール
できない。また，Homebrew
を使ってインストールする
ことも執筆時点ではできな
かったが，開発元がコンパ
イル済みのバイナリを
https://daehwankimlab.
github.io/hisat2/
download/ より配布して
いるので，それをダウン
ロードして使うと良い。し
かし，ダウンロードしてき
たファイルを実行しようと
するとエラーが出て実行で
きないので，システム環境
設定から「セキュリティと
プライバシー」を開き，セ
キュリティを確認すると実
行できるようになる（詳細
はコラム参照）。

著者の環境では，このヒトゲノムの例で約15分かかった。

インデックスの作成には時間がかかる*。

```
# HISAT2によるゲノムマッピング*
% ./hisat2-2.2.1/hisat2 --threads 10 -x GRCh38 -1 DRR100656_1.
fastq.gz -2 DRR100656_2.fastq.gz -S DRR100656_hisat2.sam
 23193193 reads; of these:
  23193193 (100.00%) were paired; of these:
    2062341 (8.89%) aligned concordantly 0 times
    19301033 (83.22%) aligned concordantly exactly 1 time
    1829819 (7.89%) aligned concordantly >1 times
    ----
    2062341 pairs aligned concordantly 0 times; of these:
      894965 (43.40%) aligned discordantly 1 time
    ----
    1167376 pairs aligned 0 times concordantly or discordantly; of
these:
      2334752 mates make up the pairs; of these:
        1256038 (53.80%) aligned 0 times
        820245 (35.13%) aligned exactly 1 time
        258469 (11.07%) aligned >1 times
97.29% overall alignment rate
```

著者の環境では，このヒトゲノムにDRR100656の配列をマッピングするのに約6分半かかった。

　この結果から，RNA-Seq のリードのうち 97.29% はゲノムにマップできており，83.22% がゲノム中で一か所にマップできていたことが大まかにわかる。

STAR

　処理速度が速いということで，STAR というプログラムが広く使われている。高速である反面，使用するメモリが多い。以下で例に示すバージョンは，2.7.10b である。

```
# STARのインストール
% wget https://github.com/alexdobin/STAR/
archive/2.7.10b.tar.gz
% tar zxvf 2.7.10b.tar.gz
```

展開して得られるファイルのうち，macOS の場合は **STAR-2.7.10b/bin/MacOSX_x86_64/** 以下の **STAR** を，Linux（WSL2）の場合は **STAR-2.7.10b/bin/Linux_x86_64/** 以下の **STAR** を使う。以下は，macOS の例となっている。

他のツール同様，**STAR** もまずはそれ用のゲノム配列インデックスを作成する必要がある。

```
# リファレンスゲノム配列のgzip圧縮は展開しておく必要がある
% pigz -d GRCh38.p13.genome.fa.gz
# STARのゲノム配列インデックス作成※
% ./STAR-2.7.10b/bin/MacOSX_x86_64/STAR \
    --runMode genomeGenerate \
    --genomeDir STAR_index \
    --runThreadN 10 \
    --genomeFastaFiles GRCh38.p13.genome.fa

# STARによるゲノムマッピング※
% for SRR in DRR100656 DRR100657; do
    ./STAR-2.7.10b/bin/MacOSX_x86_64/STAR \
    --genomeDir STAR_index \
    --runThreadN 10 \
    --outFileNamePrefix ${SRR}_ \
    --readFilesIn ${SRR}_1.fastq.gz ${SRR}_2.fastq.gz \
    --readFilesCommand pigz -dc
done
 ./STAR-2.7.10b/bin/MacOSX_x86_64/STAR --genomeDir
STAR_index --runThreadN 10 --outFileNamePrefix
DRR100656_ --readFilesIn DRR100656_1.fastq.gz
DRR100656_2.fastq.gz --readFilesCommand gunzip -c
        STAR version: 2.7.10b   compiled:  :/Users/
distiller/project/STARcompile/source
May 08 07:00:14 ..... started STAR run
May 08 07:00:14 ..... loading genome
May 08 07:00:37 ..... started mapping
May 08 07:03:15 ..... finished mapping
May 08 07:03:16 ..... finished successfully
（以下略）
```

✳ 著者の環境では，このヒトゲノム の例で 約35分 かかった。

✳ 著者の環境では，このヒトゲノムにDRR100656の配列をマッピングするのに約3分かかった。

　ログを確認すると以下のように Unique mapped が 84.45% あったことなどがわかる。

```
% less DRR100656_Log.final.out
（中略）
                                    UNIQUE READS:
                 Uniquely mapped reads number |    19586736
                      Uniquely mapped reads % |    84.45%
                          Average mapped length |    199.93
                          Number of splices: Total |    10487869
             Number of splices: Annotated (sjdb) |    0
                     Number of splices: GT/AG |    10386364
                     Number of splices: GC/AG |    77694
                     Number of splices: AT/AC |    6535
                 Number of splices: Non-canonical |    17276
                      Mismatch rate per base, % |    0.16%
                          Deletion rate per base |    0.01%
                        Deletion average length |    1.62
                         Insertion rate per base |    0.00%
                        Insertion average length |    1.77
                               MULTI-MAPPING READS:
            Number of reads mapped to multiple loci |    2066313
                 % of reads mapped to multiple loci |    8.91%
            Number of reads mapped to too many loci |    14458
                 % of reads mapped to too many loci |    0.06%
                               UNMAPPED READS:
        Number of reads unmapped: too many mismatches |    0
             % of reads unmapped: too many mismatches |    0.00%
                 Number of reads unmapped: too short |    1522028
                      % of reads unmapped: too short |    6.56%
                     Number of reads unmapped: other |    3658
                          % of reads unmapped: other |    0.02%
                               CHIMERIC READS:
                      Number of chimeric reads |    0
                          % of chimeric reads |    0.00%
```

　BAM ファイルに変換した後の解析に関しては，各論になるので，ここでは詳細は述べない。RNA-Seq に関しては，『改訂版 RNA-Seq データ解析：WET ラボのための超鉄板レシピ』（坊農秀雅編, 羊土社, 2023）などを参照。

コラム	セキュリティ問題を回避する方法

　macOSでダウンロードしてきたファイルに含まれるバイナリを
ターミナルから実行（具体的にはダウンロードしてきたHISAT2のプ
ログラムを含むzipファイルを展開し，できたディレクトリにある以
下のコマンドを実行）しようとすると，図3.5のようなポップアップ
ウインドウが出て実行できない。

```
%   ./hisat2-2.2.1/hisat2
```

　そのプログラムの開発元が検証できないためにこのようなエラー
が起きるのだが，バイオインフォマティクス関係のコンパイル済み
のツールをダウンロードしてきて実行するときによく起こるエラー
である。このHISAT2以外にもコンパイル済みのNCBI BLASTなど
をダウンロードしてきて実行しようとした時にも起きるのを著者は
確認している。

図3.5

　この場合，一度「キャンセル」を押し，システム（環境）設定を開き，「セキュリティとプライバシー」を見ると
「"hisat2-align-s"は開発元を確認できないため，使用がブロックされました」とあり，プログラムの実行がシス
テムにブロックされていることが確認できる（図3.6）。そこで，「このまま許可」のボタンを押して承認し，もう
一度コマンドラインで実行し，再び出てくるポップアップウインドウ（図3.7）で「開く」をクリックして再度確認
するとターミナルで実行できるようになる。

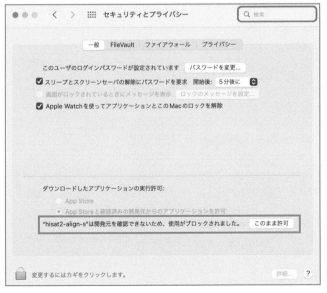

図3.6

図3.7

3.2　配列類似性検索

配列類似性検索は文字どおり，塩基配列やアミノ酸配列が似ているものを
みつける解析方法であるが，生命科学データ解析において最も古くから用い
られており，極めて重要な解析方法である。配列類似性検索といえば，NCBI
が開発した Basic Local Alignment Search Tool（**BLAST**）が定番となっ
ている。そして，NCBI をはじめとして多くの配列 DB を提供しているウェブ
サイトにおいて，その提供している配列 DB に対する BLAST 検索が，ウェ
ブインターフェースを介して利用可能となっている。

しかしながら，大量の質問配列（query）を使って繰り返し BLAST 検索
する，あるいは自ら作成したローカルな DB を対象に BLAST 検索する，といっ
たことはウェブインターフェースではできない。

そこで，コマンドラインでのローカルな DB を対象にした BLAST 検索（ロー
カル BLAST）の行い方を紹介する。DB としては，自ら作成したセットを仮
定して話をすすめる。

■ BLAST のインストール

BLAST のインストールは，Bioconda を使うと以下のコマンドでできる*。

```
# condaを使ってBLASTをインストール
% conda install blast
```

非常にたくさんの追加インストールがあるものの，最終的にエラーで途中
で止まっていなければ BLAST はインストールされているであろう。それを
確かめるのに，

```
# 何も引数をつけずに実行
% blastn
```

と入力して ENTER キーを押したときに，

```
bash: blastn: command not found
```


> **? 何て呼んだらいいの**
>
> **BLAST**
> 「ブラスト」

> ◁|◁ BLASTについては，『Dr.
> Bonoの生命科学データ解析第2
> 版』のp.133「BLAST」も参照。

> **✳**
> Apple silicon Macにおい
> ては現状Biocondaではイ
> ンストールできないが，他
> のツール同様にHomebrew
> を使えばインストールでき
> る。
> % brew install blast

というメッセージではなく，

```
BLAST query/options error: Either a BLAST database or
subject sequence (s) must be specified Please refer to
the BLAST+ user manual.
```

と出てきたら，インストールが上手くいっているということである。

▌ BLAST 用 DB の作成

　多くの場合，DNA やタンパク質配列データは，そのファイル容量を減らすためにファイル圧縮された状態で配布されている。一番よくあるのが，gzip 圧縮されている例である。

　ここでは，2.5 節で Ensembl の FTP サイトから取得してきた **Homo_sapiens. GRCh38.dna.toplevel.fa.gz** という gzip 圧縮されたファイル（ヒトゲノム配列）を例に紹介する。このファイルは，前節の指示通りに作業すると **~/ Downloads/datadojo/** にダウンロードできているはずであるので，それを前提に解説を進める。

```
# ~/Downloads/datadojo/ディレクトリに移動
% cd ~/Downloads/datadojo/
# ヒトゲノム配列ファイルはgzip圧縮されているので，それをgunzipで展開
% gunzip Homo_sapiens.GRCh38.dna.toplevel.fa.gz
# BLAST用のindex作成
% makeblastdb -in Homo_sapiens.GRCh38.dna.toplevel.fa
-dbtype nucl -hash_index -parse_seqids
```

　このようにひとたび BLAST 検索用の index を作っておくと，今後は配列情報が変わらない限り作り直す必要はなく，すぐに BLAST 検索ができる。ただ，ヒトゲノム配列に対する index 作成の最後の行（**makeblastdb**）の実行には，手もとの MacBook Pro（Apple M1 Max）だと約 12 分かかった。時間がかかるステップであるという認識をもって実行していただきたい。

　また，index を作ってしまったら，元の FASTA 形式のファイルは BLAST 検索には必要ない。圧縮していないテキストファイル，特に塩基配列データはファイル容量が大きい。のちにそのファイルを別目的に使うのであれば，再度ファイル圧縮するか，

◁▭▭ **pigz**については「2.2 コマンドラインの基本操作」のp.17を参照。

```
# FASTA形式のファイルをgzip圧縮
%  pigz Homo_sapiens.GRCh38.dna.toplevel.fa
```

もしくは，消してしまっても問題ない。

```
# もしくは，ファイル消去
%  rm Homo_sapiens.GRCh38.dna.toplevel.fa
```

▌ コマンドライン BLAST 検索実行

query（検索にかける質問配列）と DB（検索対象のデータベース）を指定して，オプションもいろいろと指定するほか，実行するプログラムを query と DB の種類に応じて選ぶ必要がある。

以下の実行例で使用する query の配列は，2.5 節のデータ取得の例で取得してきているはずのファイルとなっているが，DrBonoDojo GitHub の 3-2 ディレクトリ以下にも置いてある。DB のファイルに関してはファイルサイズが大きく，GitHub には置いていない。オリジナルの FTP サイトから最新の DB を取得されたい。

GitHub ファイル取得

https://github.com/
bonohu/DrBonoDojo2/
blob/master/3-2/

query も DB も塩基配列

query も DB も塩基配列の場合は，塩基配列レベルで比較するか，翻訳してアミノ酸配列レベルで比較するかの 2 通りの比較方法がある。

1. 塩基配列レベルで比較

この場合には BLAST のプログラム群のうち，**blastn** を用いる。計算結果は **blastn-out.txt** に書き込まれるので，終わってから **less** を使って見る。

```
# query用テスト配列の取得
%  curl -O http://togows.org/entry/ddbj-ddbj/BC022545.fasta
# blastn実行
```

```
% blastn -query BC022545.fasta -db Homo_sapiens.GRCh38.dna.toplevel.fa -out blastn-
out.txt
# lessで出力ファイルの中身を見る
% less blastn-out.txt
BLASTN 2.14.0+


Reference: Zheng Zhang, Scott Schwartz, Lukas Wagner, and Webb
Miller (2000), "A greedy algorithm for aligning DNA sequences", J
Comput Biol 2000; 7(1-2):203-14.



Database: Homo_sapiens.GRCh38.dna.toplevel.fa
           639 sequences; 63,147,197,748 total letters



Query= BC022545|BC022545.1 Homo sapiens enolase 1, (alpha), mRNA (cDNA
clone MGC:26814 IMAGE:4799584), complete cds.

Length=1793
                                                        Score       E
Sequences producing significant alignments:            (Bits)    Value

1 dna:chromosome chromosome:GRCh38:1:1:248956422:1 REF    2182      0.0
2 dna:chromosome chromosome:GRCh38:2:1:242193529:1 REF     254     4e-63
17 dna:chromosome chromosome:GRCh38:17:1:83257441:1 REF    211     2e-50
12 dna:chromosome chromosome:GRCh38:12:1:133275309:1 REF   211     2e-50



>1 dna:chromosome chromosome:GRCh38:1:1:248956422:1 REF
Length=248956422

  Score = 2182 bits (1181),  Expect = 0.0
  Identities = 1425/1545 (92%), Gaps = 7/1545 (0%)
  Strand=Plus/Plus

Query  49        ACCTCGGTGTCTGCAGCACCCTCCGCTTCCTCTCCTAGGCGACGAGACCCAGTGGCTAGA  108
                 ||||  |||||||||||||||||| ||| |||||||||| | ||||||||||||||||||
Sbjct  236483098 ACCTGAGTGTCTGCAGCACCCTCCACTT-CTCTCCTAGGCAATGAGACCCAGTGGCTAGA
236483156
  （以下略）
```

ただ，アラインメントそのものよりもヒットがあった配列の ID やそのヒットの E-value などだけがほしい場合には，タブ区切りテキストでの出力のほうが望ましいことが多い。その場合には **-outfmt 7** というオプションを追加し，出力のフォーマットを指定する。

```
# フォーマットを-outfmt 7で指定して実行
% blastn -query BC022545.fasta -db Homo_sapiens.GRCh38.dna.toplevel.fa -outfmt 7
-out blastn-out7.txt
# lessで出力ファイルの中身を見る
% less -S blastn-out7.txt
# BLASTN 2.14.1+
# Query: BC022545|BC022545.1 Homo sapiens enolase 1, (alpha), mRNA (cDNA clone
# Database: Homo_sapiens.GRCh38.dna.toplevel.fa
# Fields: query acc.ver, subject acc.ver, % identity, alignment length, mismatches,
# 18 hits found
BC022545|BC022545.1     1       92.233  1545    113     3       49      1587
BC022545|BC022545.1     1       100.000 430     0       0       1350    1779
BC022545|BC022545.1     1       99.563  229     0       1       557     784
BC022545|BC022545.1     1       100.000 206     0       0       980     1185
BC022545|BC022545.1     1       99.038  208     0       2       782     987
BC022545|BC022545.1     1       100.000 135     0       0       427     561
BC022545|BC022545.1     1       97.479  119     2       1       1184    1302
BC022545|BC022545.1     1       100.000 107     0       0       1       107
BC022545|BC022545.1     1       100.000 100     0       0       200     299
BC022545|BC022545.1     1       100.000 98      0       0       106     203
BC022545|BC022545.1     1       97.436  78      2       0       355     432
BC022545|BC022545.1     1       96.154  78      3       0       1571    1648
BC022545|BC022545.1     1       100.000 61      0       0       1291    1351
BC022545|BC022545.1     1       100.000 60      0       0       297     356
BC022545|BC022545.1     2       74.419  645     140     15      105     743
BC022545|BC022545.1     17      84.332  217     32      2       560     775
BC022545|BC022545.1     17      81.250  128     24      0       429     556
BC022545|BC022545.1     12      84.091  220     34      1       557     775
# BLAST processed 1 queries
（以下略）
```

less の実行で **-S**（大文字の S）をつけてあるのは，デフォルトだとウィンドウ幅に合わせて自動的に改行されしまうが，それを禁止して出力結果を見やすくするためである。カーソルを動かして能動的に見に行くと，現在は表示されていない部分が表示されるようになる。

2. 両方翻訳して比較

　この場合には，**tblastx**を用いる。DB配列もアミノ酸配列に翻訳するため，各種BLASTの中で一番計算が重い（計算量が多い）。そのため実行時間がかかるが，遠縁の類似性を検出できる便利なプログラムである。例えば，以下のように実行する。

```
# tblastxの実行例
%  tblastx -query LC170036.fasta -db Homo_sapiens.GRCh38.dna.toplevel.fa
-evalue 1e-10 -num_threads 4 -outfmt 7 -out tblastx-out.txt
```

　計算が重いことが予想されるため，複数のthreadを使った並列化を可能にするために **-num_threads 4** というオプションをつけている。これをつけると4 threadsまでの並列化が試みられる。また，**-evalue 1e-10** というオプションをつけて低い類似性をカットし，E-valueが1e-10（1×10^{-10}のこと）以下の有意性のあったものだけ出力されるようにしている。このE-valueに関してはこの値以下ならOKというものはなく，経験的に設定するべきものである。

　なお，計算を最後まで終わらせないで終了させる場合，Controlキーを押しながらcキーを押す（Ctrl-c）ことで計算を止めることができる。この操作に関しては他のUNIXコマンドに関しても同様である。

queryはアミノ酸配列，DBは塩基配列

　この場合，DBを翻訳してアミノ酸配列レベルで比較することになる。使うプログラムは **tblastn** となる。
　例えば，以下のように実行する。

```
# tblastnの実行例
%  tblastn -query HIF1_CAEEL.fasta -db Homo_sapiens.GRCh38.dna.toplevel.fa
-evalue 1e-10 -num_threads 4 -outfmt 7 -out tblastn-out.txt
```

DBはアミノ酸配列

DB がタンパク質（アミノ酸配列）の場合，アミノ酸配列用の index を作る必要があるため，**makeblastdb** のオプションが変更となる（**-dbtype prot**）。

ここでは，2.5 節で UniProt の FTP サイトから取得してきた **uniprot_sprot.fasta.gz** という **gzip** 圧縮された FASTA 形式ファイル（UniProt の配列全体）を使う例をあげる。

```
# UniProtのFASTA形式ファイルはgzip圧縮されているのでそれを展開
% gunzip uniprot_sprot.fasta.gz
# BLAST用のindex作成（タンパク質配列用）
% makeblastdb -in uniprot_sprot.fasta -dbtype prot -hash_index -parse_
seqids
```

1. query が塩基配列

query が塩基配列の場合，それを翻訳してタンパク質配列 DB と比較する。使うプログラムは，**blastx**。例えば，以下のように実行する。

```
# blastxの実行例
% blastx -query LC170036.fasta -db uniprot_sprot.fasta -evalue 1e-10 -num_
threads 4 -outfmt 7 -out blastx-out.txt
```

2. query がタンパク質配列

query がタンパク質配列の場合は，タンパク質配列の DB と素直にそのままアミノ酸配列レベルで比較できる。使うプログラムは **blastp**。例えば，以下のように実行する。

```
# blastpの実行例
% blastp -query HIF1_CAEEL.fasta -db uniprot_sprot.fasta -evalue 1e-10
-num_threads 4 -outfmt 7 -out blastp-out.txt
```

列記した 5 種類の BLAST プログラムをまとめると表 3.1 のようになる。query も DB も塩基配列の場合は，塩基配列レベルで比較する（**blastn**）方法があるほかは，すべてタンパク質配列レベルでの比較を行う。

表3.1　BLASTの各種プログラム

query ＼ DB	塩基配列	アミノ酸配列
塩基配列	**blastn, tblastx**	**blastx**
アミノ酸配列	**tblastn**	**blastp**

▌ DB 中の必要なエントリだけ抜き出す

　BLAST による検索結果の中から興味のある配列をみつけたら，その配列を取得したくなるであろう。配列の取得をウェブインターフェースを使って 1 つずつやっていたのでは効率が悪い。取得すべき配列の ID をファイルに書き込んで，それを一気に読み込んで気になる配列を抜き出すことができる。それは，BLAST と一緒にインストールされる **blastdbcmd** を使う方法である。

⇨　BLASTによる検索結果からIDを抜き出して配列取得する手順については, p.126「3.3 系統樹作成」の「配列類似性検索で集めてくる」を参照。

1エントリだけ抜き出す

　この例ではエントリ名（**-entry**）に 16（16 番染色体），領域（**-range**）に **61695513-61748259**，その結果は **HIF1A-genomic.fasta** というファイルに書き込むように指定している。ちなみに，この領域はヒトゲノムにおいて *HIF1A* 遺伝子がコードされているゲノム上の領域に相当する。

```
# 16番染色体の61695513〜61748259領域を抜き出して，ファイルに保存
% blastdbcmd -db Homo_sapiens.GRCh38.dna.toplevel.fa -entry 16 -range 61695513-
61748259 > HIF1A-genomic.fasta
# 中身をlessで確認
% less HIF1A-genomic.fasta
>16 dna:chromosome chromosome:GRCh38:16:1:90338345:1 REF
AGAACAACCCTGCAGATTCTGTCCTGAGCACCATAGGATGTTTACCTGGTCTCTAATCCCTAGATGCCAGTAACTGCCCA
CCCCTTTCCTAGATGTGACAATTCCAGACACTGTCAAATATCTCCTGAACTGCAAAATCACTCCCAGTTGAGAACCCACT
GATGTGATTTGGGCACTGAAATAACTTATTTGATCATCAATTCTTAGTAATATCTAGAAGAAAACTAAACTCACAGTCTA
（以下略）
```

　ファイルのすべてを表示するには大きすぎるので，結果の上部だけを表示している。

　このような抜き出しは数個なら手作業でもそれほど難はないが，数が多く
なってくると大変な手間になる。

複数エントリを一気に抜き出す

　上記の例のように 1 つずつではなく，大量の配列を一気に抜き出してくる
ことも可能である。例えば，ChIP-seq データから得た転写因子結合領域が
書かれた BED 形式のファイル（領域がゲノム上の座標で記してあるファイル）
をもとに配列を取得してくる，といったこともできる。ただし，この場合に
は気をつけないといけないことが 2 点ある。1 つは**ゲノムアセンブリのバー
ジョン**に関してで，もう 1 つは**ゲノム座標の記述方式**に関することである。
それを順を追って解説する。

　まずは，ゲノムアセンブリのバージョンに関する問題である。2023 年 5
月現在，最新のヒトゲノムアセンブリは hg38 であるが，配られているゲノ
ム座標が書かれたファイルがどのバージョンのアセンブリに対して書かれて
いるかは大問題である。以下の例は，ChIP-Atlas（http://chip-atlas.
org）の Peak Browser で得られる BED ファイル（ファイル名：**Oth.
CDV.50.HIF1A.AllCell.bed**）であるが，hg38 ではなく，hg19 のゲノ
ム配列に対して計算した結果となっている＊。このファイルはもちろん ChIP-
Atlas から取得できるが，DrBonoDojo2 GitHub にも置いてある。

　BED 形式については，『Dr.
Bono の生命科学データ解析第 2
版』の p.115「BED 形式」も参照。

GitHub ファイル取得

このファイル**Oth.CDV.50.
HIF1A.AllCell.bed**は，
DrBonoDojo2 GitHub の 3-2
ディレクトリに置いてある。
https://github.com/
bonohu/DrBonoDojo2/
blob/master/3-2/Oth.
CDV.50.HIF1A.AllCell.bed

＊
2023 年 5 月 現 在，ChIP-
atlas では hg38 に対して計
算した結果も利用可能と
なっている。

```
#  BEDファイルを確認
% less Oth.CDV.50.HIF1A.AllCell.bed
track name="HIF1A (@ Cardiovascular) 500" url="http://chip-atlas.org/view?id=$$"
gffTags="on"
```

```
chr1      10016    10094     ID=SRX157608;Name=HIF1A%20(@%20
HUVEC);Title=GSM955978:%20HIF1%20under%20hypoxia%20ChIP-seq%3B%20Homo%20
sapiens%3B%20ChIP-Seq;Cell%20group=Cardiovascular;<br>source_name=HIF1%20
under%20hypoxia%20ChIP-seq;cell%20type=HUVEC;chip%20antibody=HIF1α%20[Novus%20
Biologicals%20NB100-134%20lot.K2];passage=within%206%20times;      625      .
10016    10094    127,255,0
chr1      566089   566323    ID=SRX4741788;Name=HIF1A%20(@%20EA.
hy926);Title=GSM3402530:%20Hypoxia%20HIF1A%20ChIPSeq%3B%20Homo%20sapiens%3B%20
ChIP-Seq;Cell%20group=Cardiovascular;<br>source_name=EA.Hy926;cell%20line=EA.
Hy926;cell%20type=Human%20umbilical%20vein%20endothelial%20cell%20line;chip%20
antibody=HIF-1alpha%20(Novus,%20NB100-134);  683       .        566089   566323
186,255,0
...
(以下略)
```

ゲノムアセンブリのバージョンが異なる場合にはリフトオーバー (lift over) と呼ばれる座標変換をする必要がある。それは，同一の遺伝子であってもゲノムアセンブリが異なるとそれらのゲノム上の座標が異なるからである。リフトオーバーは，Lift Genome Annotations (https://genome.ucsc.edu/cgi-bin/hgLiftOver) から簡単にできる。ただ，ChIP-Atlas からダウンロードした BED ファイルそのままではうまく変換できないので，先頭行をのぞいて，左から 3 カラムだけにする。

```
# 先頭1行を飛ばして，第1，2，3カラム目だけを抽出
% tail -n +2 Oth.CDV.50.HIF1A.AllCell.bed | cut -f1,2,3 > HIF1A_hg19.bed
# 中身を確認
% less HIF1A_hg19.bed
chr1    10016    10094
chr1    566089   566323
chr1    566095   566316
chr1    567440   567713
chr1    567449   567715
chr1    8272035  8272438
chr1    8272083  8272438
chr1    8938785  8939416
chr1    8938806  8939410
(以下略)
```

この **HIF1A_hg19.bed** を Lift Genome Annotation のウェブサイトに入力してリフトオーバーする。変換した結果を **HIF1A_hg38_lo.bed** として保

存する。この中身は以下のようになっており，確かに座標が変換されている。

```
# 中身を確認
% cut -f1,2,3 HIF1A_hg38_lo.bed
chr1    10016    10094
chr1    630709   630943
chr1    630715   630936
chr1    632060   632333
chr1    632069   632335
chr1    8211975  8212378
chr1    8212023  8212378
chr1    8878726  8879357
chr1    8878747  8879351
（以下略）
```

　次に，ゲノム座標の記述方式に関してである。残念ながら，前述のファイルのゲノム座標記述のままではバッチ取得には使えない。それはファイル形式が，**blastdbcmd** が受け付ける形となっていないからだ。そこで，以下のようにさらに加工する。

```
# Perlを使って，細かい体裁を変換
% perl -anle '$F[0] =~ s/chr//; print "$F[0] $F[1]-
$F[2]"' HIF1A_hg38_lo.bed > HIF1A_hg38_lo.txt
# 中身を確認
% less HIF1A_hg38_lo.txt
1 10016-10094
1 630709-630943
1 630715-630936
1 632060-632333
1 632069-632335
1 8211975-8212378
1 8212023-8212378
1 8878726-8879357
1 8878747-8879351
（以下略）
```

　ここまで整形した上で，以下のコマンドで塩基配列を一括取得できるようになる。

```
# ゲノムの部分配列をバッチ取得＊
% blastdbcmd -db Homo_sapiens.GRCh38.dna.toplevel.fa -entry_batch HIF1A_hg38_
lo.txt > HIF1A_hg38_lo.fasta
# 中身を確認
% less HIF1A_hg38_lo.fasta
>1 dna:chromosome chromosome:GRCh38:1:1:248956422:1 REF
CCCTAACCCTAACCCTAACCCTAACCCTAACCCTAACCCTAACCCTAACCCTAACCCTAACCCTAACCCTAAC
>1 dna:chromosome chromosome:GRCh38:1:1:248956422:1 REF
GTGGAGATTTCAGCCGCTTTGTGGTAAATGGTAGAAAAGGAAATATCTTCGTATAAAAACTAGATAGAATGATTCTCAGA
AACTCCTTTATGATGTGTGCTTTCAACTCACTGAGTTTAACATTTCTTTTCATAGAGCAGTTAGGAAACACTCTGTTTGT
AAAGTCTGCAAGTGGATATTCAGACCCCCTTGAGGCCTTCGTTGGAAACCGTATTTTTTCATATTATGCTAGACAGAAGA
ATTCTCAGTAATTTCCTTGTGTTGTGTGTATTCAACTGACAGAGTTGAACTTTCATTTAGAGAGAGCAGATTTGAAACAC
TGTTTTTGTGGTATTTGCAAGTGGAGATTTCAAGCGCTTTGGGGCCAAAGGCAGAAAAGGAAATATCTTCGTATAAAAAC
TAGACAGAATCATTCTCAGTAACTGCTCTGTGATGTGTGCGTTCAACTCTCAGAGTTTAACTTTTCTTTTCATTCAGCAG
TTTGGAAACACTCTGTTTGTAAAGTCTGCACGTAGATATTTTGACCACTTAGAGGCCTTCTTTGGAAACGGTTTTTTCTC
ATGTAAGGCTAGACAGAAGAATTCCCAGTAACTTCCTTGTGTTGTGTGCATTCAACTCACAGAGTTGAACGTTCCCTTAG
ACAGAGCAGATTTGAAACACTCTATTTGTGCAATTTGCAAGTGTAGATTTCAAGCGCTTTAAGGTCAATGGCAGAAAAGG
AAATATCTTCGTTTCAAAACTAGACAGAATCATTCCCACAAACTGCGTTGTGATGTGTGTTTGTTCAACTCACAGAGTTTAA
CCTTTCTGTTCATAGAGCAGTTAGGAAACGCTCTGTTTGTAAAGTCTGTAAGTGGATATTCTGACATCTTGTGGCCTTCG
TTGGAAACGGGATTTCTTCCTATTCTGCTAGACAGATGAATTCTCAGTAACTTCCTTGTGTTGTGTGTATTCAACTCACA
GAGTTGAACGATCCTTTACACAGAGCAGACTTGAAACACTCTTTTTGTGGAATTTGCAAGTGGAGATTTCAGCCGCTTTG
AGGTCAATGGTAGAAAAGGAAATATCTTCGTATAGAAACAAGACAGAATGATTCTCAGAAACTCCTTTGTGATGTGTGCG
TTCAACTCACAGAGTTTAACCTTTCTTTTCATAGAGCAGTTAGGAAACACTCTGTTTGTAAAGTCTGCAAGTGGATATTC
AGACCTCCTTGAGGCCTTCGTTGGAAACGGGATTTCTTCATATTCTGCTAGACAGAAGAATTC
>1 dna:chromosome chromosome:GRCh38:1:1:248956422:1 REF
AGTCCATTCAATGATTCCATTCCAGTCCATTTGATGATT
>1 dna:chromosome chromosome:GRCh38:1:1:248956422:1 REF
GTGTCGCTGGCGAGCCGGAGAGAGAGAGAGAGCGAGAGCGAGAGAGCGAGCGAGAGAGAGCGAGAGAGCGAGAGAGCGAG
CGAGAGAGAGAGAGAGAGAGAGAGGAGCCGGCGCGAGAACTACGCATGCGTGTCGGCGTTTTCCCGCCAGCACACTGTTG
GTGGATGGGGGCGA
（以下略）
```

実行は計算負荷はそれほど
かからないものの，時間が
かかるので注意。また，取得
できない配列があることに
より以下のようなエラーが
出るが，（今回の場合は）無
視して良い。
> **Error: [blast
dbcmd] Skipped
Un_KI270742v1**

■ 応用例1：予測遺伝子セットの機能アノテーション

◁◁　multi-FASTA形式について
は，『Dr. Bonoの生命科学データ解
析第2版』のp.99も参照。

　実は，BLASTコマンドは複数のqueryのあるmulti-FASTA形式にも対応
していて，queryに含まれるエントリすべてに対して順にBLAST検索して
くれるようになっている。これを利用して，まだ機能アノテーションがつけ
られていない遺伝子セットをqueryとし，UniProtやヒトのタンパク質配列
セットをDBとしてBLAST検索することで各配列にもっとも類似性の高い
配列がわかり，そこから機能を推定することができる。

　本節で紹介したBLASTを利用して，研究対象にしている遺伝子配列に類
似した配列が，取得してきた配列セットの中にあるか，ある場合はどれぐら
い似ているか，などを調べることができる。ここでは，ゲノム配列が決定され，
予測遺伝子セットも公開されているニホンミツバチ（*Apis cerana japonica*）
を例に説明する（`https://www.ddbj.nig.ac.jp/news/ja/2017-07-10.`
`html`）。queryとして公開されているニホンミツバチの予測遺伝子セット〔塩
基（cDNA）配列セットとアミノ酸配列セット〕，DBとしてヒトタンパク質
配列セットを用いる。

　まず，queryを取得する。2.5節でダウンロードしたファイルのうち，ア
ミノ酸配列セットである **Supplemental_data_3_aa.fa.gz** を用いる。

✳

もちろん，ここはgunzipコ
マンドを使って
% **gunzip**
Supplemental_
data_3_aa.fa.gz
でも問題ない。

◁▭　**pigz**については，「2.2 コマ
ンドラインの基本操作」のp.17を
参照。

```
# BLAST検索するために圧縮を展開しておく✳
% pigz -d Supplemental_data_3_aa.fa.gz
# できたファイルをlsで確認
% ls
Supplemental_data_3_aa.fa
# 配列がいくつあるか，数える
% grep -c ^\> Supplemental_data_3_aa.fa
13222
```

　grep の引数 **^\>** の **^** は先頭にマッチ，**\>** は **>** という文字という意味であ
る。**>** はUNIXコマンドラインにおいて特別な意味（リダイレクト）がある
ため，バックスラッシュ（****）をつけてその特別な意味を削ぎ落として単なる
文字の **>** としてパターンマッチする，という意味になる。そのため，バック
スラッシュをつけることは必須である。なお，このバックスラッシュを忘れ
てしまった場合，**grep** の結果をリダイレクトするという意味になるため，

Supplemental_data_3_aa.fa という名前でファイルへ書き込むことになり，せっかく**ダウンロードしたファイルを破壊してしまうこととなる**ので十分に注意が必要である。また，オプション **-c** はパターンマッチのあった行数をカウントだけするというオプションである。

FASTA 形式では配列データが複数行にわたっていても，ヘッダ行は必ず1行である*。またヘッダ行は **>** からはじまり複数行にわたることはないため，その行を数えることで配列がいくつあるかがわかる。その結果，この例では，該当する行が 13,222 あったため，すなわち遺伝子数としても 13,222 となる。

BLAST 検索するためには DB の index を作る必要がある。そこで，BLAST 検索の対象 DB とするために，ヒトタンパク質配列セットを BLAST 検索用に **makeblastdb** する。2.5 節で取得してきた Ensembl のタンパク質セットに含まれるヒト（*Homo sapiens*）のタンパク質配列（**Homo_sapiens.GRCh38.pep.all.fa.gz**）を利用する。以下のコマンド例では，このファイルが **ensembl_pep-fa** ディレクトリ以下に置かれているものとしていることに注意。

✱ 1行が長く，表示の都合で複数行に渡って表示されている場合があるが，UNIXの世界では「改行」文字が出てくるまでが1行となる。

```
#  FASTA形式ファイルはgzip圧縮されているのでそれを展開
%  pigz -d ensembl_pep-fa/Homo_sapiens.GRCh38.pep.all.fa.gz
#  BLAST用のindex作成（タンパク質配列用）
%  makeblastdb -in ensembl_pep-fa/Homo_sapiens.GRCh38.pep.
all.fa -dbtype prot -hash_index -parse_seqids
```

準備ができたらいよいよ BLAST 検索だ。オプションで **-max_target_seqs 1** とすることで，各 query に対して1つのヒットだけを表示するように制限している。これまでの **-outfmt 7** と若干異なる **-outfmt 6** とすることで，結果にヘッダ行が各検索ごとに出るのを抑制している。

著者のMacBook Pro
（Apple M1 Max）の環境で
は約23分で計算が終了し
た。

```
# ニホンミツバチ vs. ヒトのタンパク質配列総当たり戦。時間がかかる＊
% blastp -query Supplemental_data_3_aa.fa -db ensembl_pep-fa/Homo_sapiens.GRCh38.
pep.all.fa -evalue 1e-10 -num_threads 10 -outfmt 6 -max_target_seqs 1 | pigz -c >
acj_vs_hs.txt.gz
# 得た結果を圧縮をほどきながらみる
% pigz -dc acj_vs_hs.txt.gz | less -S
g1.t1    ENSP00000497018.1       32.372   312     182     7       84      395     449
g1.t1    ENSP00000497018.1       32.154   311     182     6       88      398     369
g1.t1    ENSP00000497018.1       30.114   352     191     9       88      398     341
g1.t1    ENSP00000497018.1       29.904   311     189     8       88      398     425
g1.t1    ENSP00000497018.1       34.706   170     110     1       229     398     314
g1.t1    ENSP00000497018.1       33.714   175     115     1       224     398     253
g2.t1    ENSP00000380315.3       25.451   1163    750     34      372     1498    196
g2.t1    ENSP00000380315.3       26.696   899     543     28      49      920     453
g2.t1    ENSP00000380315.3       26.292   871     530     26      679     1501    418
g2.t1    ENSP00000380315.3       26.873   841     465     24      670     1501    189
g2.t1    ENSP00000380315.3       26.201   687     428     22      820     1501    164
g2.t1    ENSP00000380315.3       25.527   854     527     32      623     1444    503
g2.t1    ENSP00000380315.3       34.884   258     149     6       232     486     423
g2.t1    ENSP00000380315.3       35.055   271     159     6       224     483     1013
g2.t1    ENSP00000380315.3       32.759   290     162     8       224     486     437
g2.t1    ENSP00000380315.3       27.252   444     263     14      49      457     861
g2.t1    ENSP00000380315.3       33.071   254     163     5       236     486     203
g2.t1    ENSP00000380315.3       31.048   248     164     5       242     486     153
g2.t1    ENSP00000380315.3       32.245   245     152     7       247     486     189
（以下略）
```

第1カラムがqueryの配列名，第2カラムがDB中のヒットした配列名で
ある。1つだけのヒットとしたにもかかわらず，1つのquery配列（例えば
g1.t1）に対して複数行結果が出ているようにみえるだろう。これは，ヒッ
トした相手の配列は1つであるが，局所的アラインメント（local
alignment）のため複数の場所にヒットがあり，それがすべて出力されてい
るからそうみえるのである。ここは以下のように処理して，対応関係だけを
抽出するとよいだろう。

```
# 展開して，第1，2カラムを抜き出して，ソート＆重複のぞく
% pigz -dc acj_vs_hs.txt.gz | cut -f1,2 | sort -u > acj_vs_hs-uniq.txt
% less acj_vs_hs-uniq.txt
g1.t1    ENSP00000497018.1
g10.t1   ENSP00000423820.1
g1000.t1       ENSP00000448012.1
g10000.t1      ENSP00000375053.4
g10001.t1      ENSP00000387814.1
g10002.t1      ENSP00000217109.4
g10008.t1      ENSP00000368977.1
g10009.t1      ENSP00000449370.1
（以下略）
```

　そして，この第1カラム（ニホンミツバチのID）だけを抽出，上記の操作で重複はないはずなのだが，念の為ソート＆重複を除く操作をして，行数を数えると，ヒト遺伝子にヒットのあったニホンミツバチの遺伝子数を数えることができる。

```
# 対応表の第1カラムだけ抽出してその数を数える
% cut -f 1 acj_vs_hs-uniq.txt | sort -u | wc -l
  7945
```

　ヒトに類似性のある配列が見つかったニホンミツバチの遺伝子は7,945あった，ということである。ニホンミツバチで予測された遺伝子数が13,222だったので，ヒト遺伝子にヒットのあった遺伝子の割合は，7,945/13,222＝0.6009となる。つまり，約6割のニホンミツバチ遺伝子は，ヒト遺伝子と配列類似性があるということがわかる。

▌応用例2：メタゲノムデータ解析

　同様の方法で，研究対象にしている遺伝子配列がメタゲノム解析による配列セットの中にあるか，ある場合はどれぐらい似ていたか，などを調べることができる。

　その場合，queryとして研究対象の遺伝子配列（塩基配列もしくはアミノ酸配列）を，DBとしてメタゲノム解析から得られた配列セットを用いる。

SRAからのデータ取得

日本人腸内マイクロバイオーム解析（BioProjectID：**PRJDB3601**）に登録されている SRA データ*，**DRR042266** を例に説明する。このデータは次の研究により報告されたものである。

The gut microbiome of healthy Japanese and its microbial and functional uniqueness Nishijima S. et al. *DNA Research* 2016; 23: 125-133 (https://doi.org/10.1093/dnares/dsw002)

この FASTQ 形式ファイルを SRA から取得するのに非常に便利なコマンドがある。それは 3.1 節でも紹介した，NCBI が配布している SRA Toolkit (https://github.com/ncbi/sra-tools) に含まれているプログラム **fasterq-dump** である。

```
# fasterq-dumpコマンドでSRAファイルを取得＆展開
% fasterq-dump DRR042266
spots read       : 1,137,727
reads read       : 1,137,727
reads written    : 1,137,727
```

SRA RUN ID を指定すると直接 NCBI からダウンロードしてきて，FASTQ ファイルに展開してくれる。通常，この実行は非常に時間がかかる。しかしながら，このメタゲノム配列は NGS データとしては比較的小さいので，試してみたところ，この例のデータの場合，著者 Dr. Bono の環境でも約 10 分あまりでデータ取得が完了した。取得したファイルは圧縮されていない FASTQ ファイル（テキストファイル）である。

以上の手順でデータ取得できない場合は，以下の国立遺伝学研究所にある DDBJ Sequence Read Archive（DRA）からの SRA ファイル取得をおすすめする。SRA ファイルは圧縮形式なので，FASTQ 形式ファイルを得るためには以下の手順がある。

SRA 形式は Sequence Read Archive（SRA）で使われている圧縮形式。ファイル自体はバイナリ形式となっている。

```
# DRAからのFTPでのファイル取得
% curl -O ftp://ftp.ddbj.nig.ac.jp/ddbj_database/dra/sralite/ByExp/litesra/
DRX/DRX037/DRX037900/DRR042266/DRR042266.sra
# SRA圧縮されたファイルをfasterq-dumpで展開してFASTQファイルを得る
% fasterq-dump DRR042266.sra
```

FASTQ を FASTA に変換

　取得してきたデータは FASTQ 形式である。しかしながら，FASTA 形式の
ファイルでないと BLAST 検索にはかけられない。そこで，FASTQ 形式のファ
イルを FASTA 形式に変換する必要がある。

　fastq2fasta というキーワードでググると，GitHub のページ（**https://
github.com/dantaki/fastq2fasta**）がヒットしてくる。このページの
説明を読むと，どうやら FASTQ 形式から FASTA 形式への変換をする C++
のコードがアップロードされているようである。このコードをコンパイルし
て使うとその変換ができそうな感じである。

 FASTQ形式については，
『Dr. Bonoの生命科学データ解析
第2版』のp.105「FASTQ形式」も
参照。

> **Dr. Bono から**
>
> 「ググる」はインターネット
> 検索するという意味。「すで
> に誰かがプログラムを作っ
> ているかも」と意識するこ
> とは大事。

```
# GitHubからgit cloneコマンドを使ってソースツリーをコピーしてくる
% git clone https://github.com/dantaki/fastq2fasta.git
# 取ってきたコードのディレクトリに移る
% cd fastq2fasta
# どういったファイルがあるか見る
% ls -R
.:
README.md  src/
./src:
fastq2fasta.cpp
# srcディレクトリ以下にあるC++のコードをコンパイルする
% g++ src/fastq2fasta.cpp -o fastq2fasta
# コンパイルしたバイナリを実行してファイル形式を変換する
% ./fastq2fasta -i ../DRR042266.fastq -o ../DRR042266.fa
# 親ディレクトリに戻る
% cd ..
```

BLAST検索

　BLAST 検索するためには DB はインデックスする必要がある。以下のコマンドで BLAST の index を作成する。

```
# BLAST検索用のindex作成
% makeblastdb -in DRR042266.fa -dbtype nucl -hash_index -parse_seqids
```

　実際の検索は，query が塩基配列の場合は **tblastx**，アミノ酸配列の場合は **tblastn** を使えばよい。

```
# queryが塩基配列の場合
% tblastx -query LC170036.fasta -db DRR042266.fa -evalue 1e-5 -num_threads
4 -outfmt 7 -out LC170036_vs_metagenome.txt
# queryがアミノ酸配列の場合
% tblastn -query HIF1_CAEEL.fasta -db DRR042266.fa -evalue 1e-5 -num_
threads 4 -outfmt 7 -out HIF1_CAEEL_vs_metagenome.txt
```

◁── ここでqueryとして使っている **LC170036.fasta** と **HIF1_CAEEL.fasta** は，p.73 「2.5 公共データベースからのデータ取得」の「TOGOWSによる個別の塩基配列取得」で取得方法を説明している。

　また，逆に **DRR042266.fa** を query とすることも可能である。DB に何を使うかでいろんな解析が考えられる。塩基配列レベルの解析として，ヒト腸内細菌のメタゲノム解析の場合に，DB にヒトゲノム配列を使うことで，どういったヒト由来配列が混入しているのかを調べられるだろう。メタゲノムから得られたリードをすべて query にするために，上記の BLAST 検索と比較すると，非常に時間がかかるので要注意。

```
# ヒト遺伝子の混入を調べる
% blastn -query DRR042266.fa -db Homo_sapiens.GRCh38.dna.toplevel.fa
-evalue 1e-50 -num_threads 4 -outfmt 6 -out metagenome_vs_human.txt
# 結果を見る
% less -S metagenome_vs_human.txt
```

◁── ここでDBとして使っている **DRR042266.fa** と **Homo_sapiens. GRCh38.dna.toplevel.fa** は，p.78 「DBそのものの取得」で取得方法を，p.103 「BLAST用DBの作成」でBLAST検索用indexの作り方を説明している。

■ 応用例3：ローカルに BLAST ウェブサーバーを立てる

　ローカル BLAST による出力結果は，前述のメタゲノム配列を使った例でもみたように，テキストだけではっきりいって人間には見づらい。それを見やすくする可視化ツールとして，sequenceserver を紹介する。この

sequenceserver は Ruby 言語で書かれており，コマンドラインで大規模な計算をする前の条件検討として，スモールスケールでテストランをする際に重宝する。

　sequenceserver は Docker を使って，自らのシステムにインストールすることなく起動することができる。

```
# sequenceserver起動
% cd ~/Documents/datadojo/
% docker run --rm -ti -p 4567:4567 -v $(pwd):/db wurmlab/sequenceserver
```

　上記のコマンドで sequenceserver を起動しても特に何も起きないので，ウェブブラウザ上で http://localhost:4567 と入力しアクセスする。すると，図 3.8 に示すようなページが現れる。このウェブページのアドレスの **localhost** は自分の PC のことである。自分の PC 上でウェブサーバーが起動しており，それにアクセスしているわけである。**:4567** はポート番号といっ

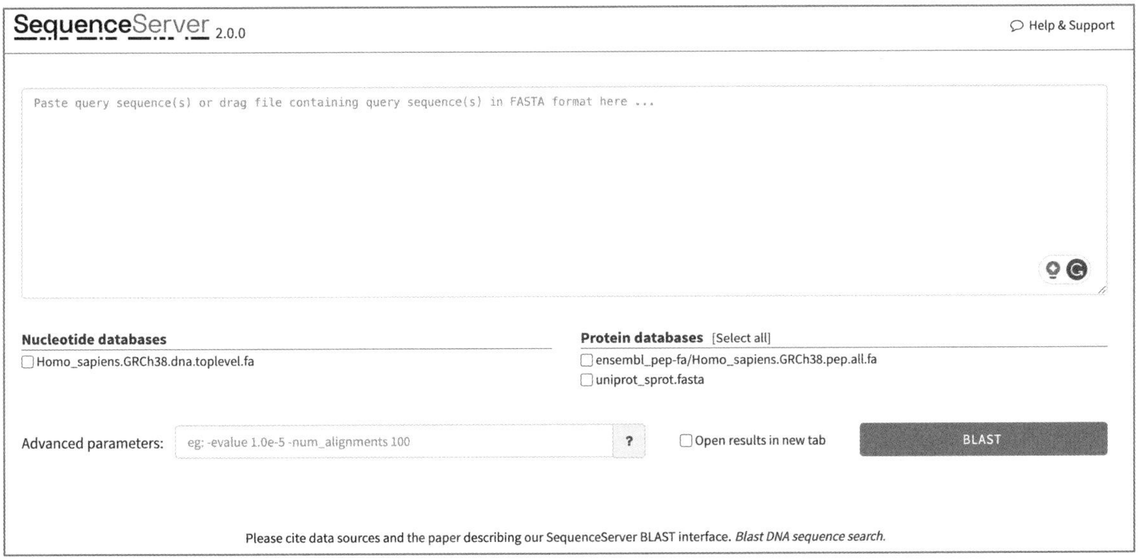

図3.8　sequenceserver
sequenceserver を起動した画面。query配列をペーストし，DBにチェックを入れると，その組み合わせでBLAST検索がローカルで実行できる。

て，アクセスしている先が http のデフォルトの 80 番ではなく，別のポートにアクセスすることを指定している。

　${pwd}:/db と指定し，カレントディレクトリが Docker の仮想環境上では **/db**（配列データベースが格納されたディレクトリ）として参照されるようにした結果，塩基配列 DB としてはヒトゲノム配列，タンパク質配列としては **ensembl_pep-fa/** ディレクトリの中のヒトタンパク質配列と UniProt の配列が選択できるようになっている。指定したディレクトリだけではなく，その配下のディレクトリ中のファイルまで再帰的（recursive）に探索されてリストアップされるのは便利である。それは，すでに BLAST 検索用の index がそれらの FASTA ファイルに対して作成されていたからで，ここに表示されるにはそれらの index を作成しておかなければならない。その証拠に，**ensembl_pep-fa/** ディレクトリにはほかにもたくさんの生物種のタンパク質配列を取得してきてあるはずなのに表示されていない。それも検索対象にしたい場合には，それらに対しても BLAST 検索用の index を作成しておけばよい。そのためには以下のようなコマンドで，まず圧縮を解き，**makeblastdb** を実行し，再度圧縮をかける，ということをすべてのファイルに対して行えばよい。

GitHub ファイル取得

このファイル**makeblastdb. sh**は，DrBonoDojo GitHub の 3-2 ディレクトリに置いてある。
`https://github.com/ bonohu/DrBonoDojo2/ blob/master/3-2/ makeblastdb.sh`

```
# ensembl_pep-faディレクトリ以下の.fa.gzで終わる全てのファイルに対して以下の処理を実行
% for fa in ensembl_pep-fa/*.fa.gz;
do
 g="${fa%.gz}"
 pigz -d $fa
 makeblastdb -in $g -dbtype prot -hash_index -parse_seqids
 pigz $g
done
```

　すでに **sequenceserver** が起動したままであれば，「ターミナル」のウインドウをクリックしてアクティブにして，Ctrl-c で 1 度プロセスを終了してから，再度 **sequenceserver** を起動する。

```
# sequenceserverを再起動
% docker run --rm -ti -p 4567:4567 -v $(pwd):/db wurmlab/sequenceserver
```

　これをしないと新規に index を作成した DB が認識されないので要注意。そうすると，図3.9のように取得してきたタンパク質配列 DB すべてが BLAST できるようになったウェブインターフェースが出現する（**sequenceserver** の詳しい使い方は統合 TV 参照）。

 統合 TV

「SequenceServerを使って自分のPCで簡単BLAST検索」
https://doi.org/10.7875/togotv.2016.053

SequenceServer 2.0.0   ⌕ Help & Support

```
Paste query sequence(s) or drag file containing query sequence(s) in FASTA format here ...
```

Nucleotide databases
- ☐ Homo_sapiens.GRCh38.dna.toplevel.fa

Protein databases [Select all]
- ☐ ensembl_pep-fa/Acanthochromis_polyacanthus.ASM210954v1.pep.all.fa
- ☐ ensembl_pep-fa/Ailuropoda_melanoleuca.ailMel1.pep.all.fa
- ☐ ensembl_pep-fa/Amphilophus_citrinellus.Midas_v5.pep.all.fa
- ☐ ensembl_pep-fa/Amphiprion_ocellaris.AmpOce1.0.pep.all.fa
- ☐ ensembl_pep-fa/Amphiprion_percula.Nemo_v1.pep.all.fa
- ☐ ensembl_pep-fa/Anabas_testudineus.fAnaTes1.1.pep.all.fa
- ☐ ensembl_pep-fa/Anas_platyrhynchos.BGI_duck_1.0.pep.all.fa
- ☐ ensembl_pep-fa/Anolis_carolinensis.AnoCar2.0.pep.all.fa
- ☐ ensembl_pep-fa/Aotus_nancymaae.Anan_2.0.pep.all.fa
- ☐ ensembl_pep-fa/Astatotilapia_calliptera.fAstCal1.2.pep.all.fa
- ☐ ensembl_pep-fa/Astyanax_mexicanus.Astyanax_mexicanus-2.0.pep.all.fa
- ☐ ensembl_pep-fa/Bos_taurus.ARS-UCD1.2.pep.all.fa
- ☐ ensembl_pep-fa/Caenorhabditis_elegans.WBcel235.pep.all.fa
- ☐ ensembl_pep-fa/Callithrix_jacchus.ASM275486v1.pep.all.fa
- ☐ ensembl_pep-fa/Canis_familiaris.CanFam3.1.pep.all.fa
- ☐ ensembl_pep-fa/Canis_lupus_dingo.ASM325472v1.pep.all.fa
- ☐ ensembl_pep-fa/Capra_hircus.ARS1.pep.all.fa
- ☐ ensembl_pep-fa/Carlito_syrichta.Tarsius_syrichta-2.0.1.pep.all.fa
- ☐ ensembl_pep-fa/Cavia_aperea.CavAp1.0.pep.all.fa
- ☐ ensembl_pep-fa/Cavia_porcellus.Cavpor3.0.pep.all.fa
- ☐ ensembl_pep-fa/Cebus_capucinus.Cebus_imitator-1.0.pep.all.fa
- ☐ ensembl_pep-fa/Cercocebus_atys.Caty_1.0.pep.all.fa
- ☐ ensembl_pep-fa/Chinchilla_lanigera.ChiLan1.0.pep.all.fa
- ☐ ensembl_pep-fa/Chlorocebus_sabaeus.ChlSab1.1.pep.all.fa
- ☐ ensembl_pep-fa/Choloepus_hoffmanni.choHof1.pep.all.fa
- ☐ ensembl_pep-fa/Chrysemys_picta_bellii.Chrysemys_picta_bellii-3.0.3.pep.all.fa
- ☐ ensembl_pep-fa/Ciona_intestinalis.KH.pep.all.fa
- ☐ ensembl_pep-fa/Ciona_savignyi.CSAV2.0.pep.all.fa
- ☐ ensembl_pep-fa/Colobus_angolensis_palliatus.Cang.pa_1.0.pep.all.fa
- ☐ ensembl_pep-fa/Cricetulus_griseus_chok1gshd.CHOK1GS_HDv1.pep.all.fa
- ☐ ensembl_pep-fa/Cricetulus_griseus_crigri.CriGri_1.0.pep.all.fa
- ☐ ensembl_pep-fa/Cynoglossus_semilaevis.Cse_v1.0.pep.all.fa
- ☐ ensembl_pep-fa/Cyprinodon_variegatus.C_variegatus-1.0.pep.all.fa

図3.9 DBが追加された sequenceserver

　分子系統樹作成は，2023 年現在，数百遺伝子が対象であっても，全て GUI で行うことが可能である。そのような背景もあって，コマンドラインデータ解析スキルとしての分子系統樹作成は，それほど重要視されていない。現状では，NGS データ解析に必要なコマンドライン操作の影に隠れてしまっているが，かつてはバイオインフォマティクスの本には必ず書いてあったスキルであった。

　しかしながら，ヒトゲノムが解読されて 20 年以上経つが，分子系統樹を作成する需要は減るどころか増えてきている。メタゲノム解析による代謝酵素遺伝子の配列解析や，ヒト疾患新規モデル動物の配列解読など，その用途はさまざまである。

　そこで本節では，分子系統樹を単にコマンドラインで作成する手順だけではなく，注目している遺伝子と似た配列を公共データベースから取得し，それらを合わせて分子系統樹を描画する方法について紹介する。

▍多重配列アラインメントと分子系統樹

◁◁　多重配列アラインメントと分子系統樹については，『Dr. Bono の生命科学データ解析第2版』の p.141「多重配列アラインメントと系統樹」も参照。

　多重配列アラインメント（multiple sequence alignment）は 3 本以上の配列を比べて，できる限りギャップを入れないようにして，似たアミノ酸（もしくは塩基）を並べる方法である。分子系統樹を作成するためには，まず多重配列アラインメントを行う必要がある（図 3.10）。

　図 3.3 に示したように，興味ある配列を query に BLAST 検索をして DB から配列取得し，多重配列アラインメントを実行して系統樹作成，問題があれば多重配列アラインメントをやり直す，という流れで分子系統樹を作成する。

▍配列取得

　まず最初に系統樹に入れる遺伝子の配列を取得する。公共配列データベースから取得してくることになるであろう。その際に気をつけるべきこととやり方を以下に示す。

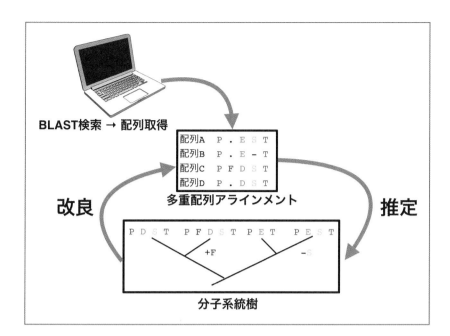

図3.10 分子系統樹を作成するためのデータ解析の流れ 興味ある配列をqueryにBLAST検索してDBから配列取得し,多重配列アラインメントを実行して系統樹作成する。

混ぜるな危険

塩基配列とアミノ酸配列を混ぜてはいけない。アミノ酸配列と決めたら,アミノ酸配列ばかりを集めてくるようにすることをお忘れなく。アミノ酸配列レベルではほぼ同一で,お互いに非常によく似た配列を比較する場合にはもちろん,塩基配列でもよい。ただ,そこまで配列が似ていない多くの場合,アミノ酸配列を比較して系統樹を作成するのが通常である。

1エントリごとに,こまめに集めてくる

FASTA 形式の配列情報を集めて,多重配列アラインメントを実行するためのファイルを作成するのが基本である。

論文などにある情報をもとにウェブサイトから収集してくるわけであるが,NCBI で維持されている異なる生物種間で配列相同性をもつ遺伝子(ホモログと呼ぶ)グループのデータベース Homologene を利用するのもよいだろう。例えば,次の URL にアクセスすると,*HIF1A* 遺伝子のホモロググループを見ることができる。

Homologeneについては,『Dr. Bonoの生命科学データ解析第2版』のp.36「使いやすさのための二次データベース」も参照。

https://www.ncbi.nlm.nih.gov/homologene/?term=HIF1A

　このページから各生物の *HIF1A* 遺伝子の FASTA 形式のアミノ酸配列データをダウンロードし，それらの個々のファイルを **cat** コマンドで連結して，最終的に multi-FASTA 形式のファイルを作成する。この例では 2 つのファイルだが，3 つ以上のファイルの連結も可能である。

```
% cat HIF1_CAEEL.fasta homologene.txt > HIF1A_aa.fasta
```

配列類似性検索で集めてくる

　分子系統樹を書こうというからには，注目している遺伝子があるはずであろう。ここでは，3.1 節で例にあげた *C. elegans* の *HIF1* 遺伝子のアミノ酸配列（**HIF1_CAEEL.fasta**）を使って説明する。

　この配列を query として，UniProtKB に対する BLAST 検索で集めてくるやり方について解説する。query が塩基配列の場合 **blastx**，アミノ酸配列の場合 **blastp** 検索をすることになるが，今回はアミノ酸配列なので，**blastp** を使う。

```
# blastpでUniProtに対して配列類似性検索を実行
% blastp -query HIF1_CAEEL.fasta -db uniprot_sprot.fasta -evalue 1 -num_threads 4
-out blastp-out2.txt
# 得られたBLASTの結果を見る
% less blastp-out2.txt
BLASTP 2.14.0+


Reference: Stephen F. Altschul, Thomas L. Madden, Alejandro A.
Schaffer, Jinghui Zhang, Zheng Zhang, Webb Miller, and David J.
Lipman (1997), "Gapped BLAST and PSI-BLAST: a new generation of
protein database search programs", Nucleic Acids Res. 25:3389-3402.


Reference for composition-based statistics: Alejandro A. Schaffer,
L. Aravind, Thomas L. Madden, Sergei Shavirin, John L. Spouge, Yuri
I. Wolf, Eugene V. Koonin, and Stephen F. Altschul (2001),
"Improving the accuracy of PSI-BLAST protein database searches with
```

```
composition-based statistics and other refinements", Nucleic Acids
Res. 29:2994-3005.




Database: uniprot_sprot.fasta
           567,483 sequences; 204,940,973 total letters




Query= sp|G5EGD2|HIF1_CAEEL Hypoxia-inducible factor 1 OS=Caenorhabditis
elegans OX=6239 GN=hif-1 PE=1 SV=1


Length=719

                                                             Score      E
Sequences producing significant alignments:                 (Bits)   Value


G5EGD2 Hypoxia-inducible factor 1 OS=Caenorhabditis elegans OX=62...  1498   0.0
Q0PGG7 Hypoxia-inducible factor 1-alpha OS=Bos mutus grunniens OX...   181   2e-46
Q9XTA5 Hypoxia-inducible factor 1-alpha OS=Bos taurus OX=9913 GN=...   180   2e-46
Q61221 Hypoxia-inducible factor 1-alpha OS=Mus musculus OX=10090 ...   179   4e-46
Q9YIB9 Hypoxia-inducible factor 1-alpha OS=Gallus gallus OX=9031 ...   179   7e-46
Q16665 Hypoxia-inducible factor 1-alpha OS=Homo sapiens OX=9606 G...   177   3e-45
Q309Z6 Hypoxia-inducible factor 1-alpha OS=Eospalax fontanierii b...   176   5e-45
O35800 Hypoxia-inducible factor 1-alpha OS=Rattus norvegicus OX=1...   175   2e-44
Q9JHS2 Hypoxia-inducible factor 3-alpha OS=Rattus norvegicus OX=1...   173   2e-44
Q0VBL6 Hypoxia-inducible factor 3-alpha OS=Mus musculus OX=10090 ...   169   6e-43
Q9Y2N7 Hypoxia-inducible factor 3-alpha OS=Homo sapiens OX=9606 G...   167   1e-42
Q99814 Endothelial PAS domain-containing protein 1 OS=Homo sapien...   168   3e-42
Q98SW2 Hypoxia-inducible factor 1-alpha OS=Oncorhynchus mykiss OX...   164   3e-41
P97481 Endothelial PAS domain-containing protein 1 OS=Mus musculu...   164   5e-41
Q9JHS1 Endothelial PAS domain-containing protein 1 OS=Rattus norv...   163   1e-40
Q24167 Protein similar OS=Drosophila melanogaster OX=7227 GN=sima...   163   3e-40
Q9I8A9 Hypoxia-inducible factor 1-alpha OS=Xenopus laevis OX=8355...   140   4e-33
（以下略）
```

　スペースの関係上，ここには結果すべての引用はできないが，上記に引用
されているリストだけでなく，下のほうに出ているアラインメントも，系統
樹作成に含めるかどうかの取捨選択の際には参考にすべきである。

　ここから，系統樹に入れるべき遺伝子のIDを改行区切りでリストにした，
ファイル（**oreno_aa.txt**）を作成していく。その際，**G5EGD2** からはじま

る自分自身のエントリへのヒットが書かれた部分から下をコピーし，まず **pre_aa.txt** というファイルを作る。系統樹に入れるべきエントリの取捨選択は自由であるが，今回は，**Hypoxia-inducible factor 1-alpha** というアノテーション情報があるエントリだけをとることとする。そういう基準とすれば，**pre_aa.txt** は以下のような内容となるだろう。

pre_aa.txt

```
G5EGD2 Hypoxia-inducible factor 1 OS=Caenorhabditis elegans OX=62...    1498    0.0
Q0PGG7 Hypoxia-inducible factor 1-alpha OS=Bos mutus grunniens OX...     181    2e-46
Q9XTA5 Hypoxia-inducible factor 1-alpha OS=Bos taurus OX=9913 GN=...     180    2e-46
Q61221 Hypoxia-inducible factor 1-alpha OS=Mus musculus OX=10090 ...     179    4e-46
Q9YIB9 Hypoxia-inducible factor 1-alpha OS=Gallus gallus OX=9031 ...     179    7e-46
Q16665 Hypoxia-inducible factor 1-alpha OS=Homo sapiens OX=9606 G...     177    3e-45
Q309Z6 Hypoxia-inducible factor 1-alpha OS=Eospalax fontanierii b...     176    5e-45
O35800 Hypoxia-inducible factor 1-alpha OS=Rattus norvegicus OX=1...     175    2e-44
Q9JHS2 Hypoxia-inducible factor 3-alpha OS=Rattus norvegicus OX=1...     173    2e-44
Q0VBL6 Hypoxia-inducible factor 3-alpha OS=Mus musculus OX=10090 ...     169    6e-43
Q9Y2N7 Hypoxia-inducible factor 3-alpha OS=Homo sapiens OX=9606 G...     167    1e-42
Q99814 Endothelial PAS domain-containing protein 1 OS=Homo sapien...     168    3e-42
Q98SW2 Hypoxia-inducible factor 1-alpha OS=Oncorhynchus mykiss OX...     164    3e-41
P97481 Endothelial PAS domain-containing protein 1 OS=Mus musculu...     164    5e-41
Q9JHS1 Endothelial PAS domain-containing protein 1 OS=Rattus norv...     163    1e-40
Q24167 Protein similar OS=Drosophila melanogaster OX=7227 GN=sima...     163    3e-40
Q9I8A9 Hypoxia-inducible factor 1-alpha OS=Xenopus laevis OX=8355...     140    4e-33
```

GitHub ファイル取得

このファイル **pre_aa.txt** は，DrBonoDojo2 GitHubの3-3ディレクトリに置いてある。
https://github.com/bonohu/DrBonoDojo2/blob/master/3-3/pre_aa.txt

　この中で配列取得に必要なのは一番左側のIDの情報だけである。このファイルをスペースでカラム（列）が区切られたファイルとして扱い，1番目のカラムの情報だけ抜き出すことをすれば，IDの情報だけがとれるであろう。以下のように **awk** のコマンドを使うとそれが簡単に実現できる。

```
# awkで第1カラムだけを抜き出し
% awk '{ print $1 }' pre_aa.txt
G5EGD2
Q0PGG7
Q9XTA5
Q61221
Q9YIB9
Q16665
Q309Z6
```

```
O35800
Q9JHS2
Q0VBL6
Q9Y2N7
Q99814
Q98SW2
P97481
Q9JHS1
Q24167
Q9I8A9
```

ID だけちゃんと抜き出せていることが確認できたので，これを **oreno_aa.txt** に書き込む。

```
# リダイレクトを使って，出力結果をoreno_aa.txtに書き込む
% awk '{print $1}' pre_aa.txt > oreno_aa.txt
```

このリストにある ID をもつアミノ酸配列を **blastdbcmd** を使って組織的に取得する。オプションとして，検索対象ファイル（＝類似性検索を行った DB）を指定する（**-db uniprot_sprot.fasta**）ほか，取得する ID の書かれたファイルを指定する（**-entry_batch oreno_aa.txt**）のが本操作の肝である。リダイレクトを使って，出力の **oreno_aa.fasta** ファイルに書き込む。

```
# ファイルに書き込まれたIDをもつエントリのFASTAファイルを抜き出す
% blastdbcmd -db uniprot_sprot.fasta -entry_batch oreno_aa.txt > oreno_aa.fasta
# 出力を確認
% less oreno_aa.fasta
>G5EGD2 Hypoxia-inducible factor 1 OS=Caenorhabditis elegans OX=6239 GN=hif-1 PE=1
SV=1
MEDNRKRNMERRRETSRHAARDRRSKESDIFDDLKMCVPIVEEGTVTHLDRIALLRVAATICRLRKTAGNVLENNLDNEI
TNEVWTEDTIAECLDGFVMIVDSDSSILYVTESVAMYLGLTQTDLTGRALRDFLHPSDYDEFDKQSKMLHKPRGEDTDTT
GINMVLRMKTVISPRGRCLNLKSALYKSVSFLVHSKVSTGGHVSFMQGITIPAGQGTTNANASAMTKYTESPMGAFTTRH
TCDMRITFVSDKFNYILKSELKTLMGTSFYELVHPADMMIVSKSMKELFAKGHIRTPYYRLIAANDTLAWIQTEATTITH
TTKGQKGQYVICVHYVLGIQGAEESLVVCTDSMPAGMQVDIKKEVDDTRDYIGRQPEIVECVDFTPLIEPEDPFDTVIEP
VVGGEEPVKQADMGARKNSYDDVLQWLFRDQPSSPPPARYRSADRFRTTEPSNFGSALASPDFMDSSRTSRPKTSYGRR
AQSQGSRTTGSSSTSASATLPHSANYSPLAEGISQCGLNSPPSIKSGQVVYGDARSMGRSCDPSDSSRRFSALSPSDTLN
VSSTRGINPVIGSNDVFSTMPFADSIAIAERIDSSPTLTSGEPILCDDLQWEEPDLSCLAPFVDTYDMMQMDEGLPPELQ
ALYDLPDFTPAVPQAPAARPVHIDRSPPAKRMHQSGPSDLDFMYTQHYQPFQQDETYWQGQQQQNEQQPSSYSPFPMLS
```

```
>Q0PGG7 Hypoxia-inducible factor 1-alpha OS=Bos mutus grunniens OX=30521 GN=HIF1A
PE=2 SV=1
MEGAGGANDKKKISSERRKEKSRDAARSRRSKESEVFYELAHQLPLPHNVSSHLDKASVMRLTISYLRVRKLLDAGDLDI
EDEMKAQMNCFYLKALDGFVMVLTDDGDMIYISDNVNKYMGLTQFELTGHSVFDFTHPCDHEEMREMLTHRNGLVKKGKE
QNTQRSFFLRMKCTLTSRGRTMNIKSATWKVLHCTGHIHVYDTNSNQSQCGYKKPPMTCLVLICEPIPHPSNIEIPLDSK
TFLSRHSLDMKFSYCDERITELMGYEPEELLGRSIYEYYHALDSDHLTKTHHDMFTKGQVTTGQYRMLAKKGGYVWIETQ
ATVIYNTKNSQPQCIVCVNYVVSGIIQHDLIFSLQQTECVLKPVESSDMKMTQLFTKVESEDTSSLFDKLKKEPDALTLL
APAAGDTIISLDFGSNDTETDDQQLEEVPLYNDVMLPSSNEKLQNINLAMSPLPASETPKPLRSSADPALNQEVALKLEP
NPESLGLSFTMPQIQDQPASPSDGSTRQSSPEPNSPSEYCFDVDGDMVNEFKLELVEKLFAEDTEAKNPFSTQDTDLDLE
MLAPYIPMDDDFQLRSFDQLSPLENSSTSPQSASTNTVFQPTQMQEPPIATVTTTATSDELKTVTKDGMKDIKILIAFPS
PPHVPKEPPCATTSPYSDTGSRTASPSRAGKGVIEQTEKSHPRSPNVLSVALSQRTTAPEEELNPKILALQNAQRKRKIE
HDGSLFQAVGIGTLLQQPDDRATTTSLSWKRVKGCKSSEQNGMEQKTIILIPSDLVCRLLGQSMDESGLPQLTSYDCEVN
APIQGSRNLLQGEELLRALDQVN
>Q9XTA5 Hypoxia-inducible factor 1-alpha OS=Bos taurus OX=9913 GN=HIF1A PE=2 SV=1
MEGAGGANDKKKISSERRKEKSRDAARSRRSKESEVFYELAHQLPLPHNVSSHLDKASVMRLTISYLRVRKLLDAGDLDI
```

（以下略）

出力は，複数の FASTA 形式のファイルが連結された multi-FASTA 形式の
ファイルとなっている。この multi-FASTA 形式は単に FASTA 形式と呼ぶこ
とが多く，本書でも特に断らない限り，FASTA 形式と呼ぶことにする。

▌ 多重配列アラインメントの実行

最近では，ClustalW の後継プログラムである Clustal Omega がよく用い
られている。Bioconda で簡単にインストールすることができる*。

```
# condaでClustal Omegaをインストール
% conda install clustalo
```

Clustal Omega のコマンド名は，**clustalo** である。基本的には，入力に
FASTA ファイルを指定（**-i oreno_aa.fasta**）し，出力ファイル名を指定
（**-o oreno_clustalo.fasta**）して実行するだけである。

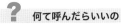

執筆時点では，Apple silicon
mac ではBioconda を使っ
てインストールできないの
で以下のようにHomebrew
を使ってインストールした。
% **brew install**
clustal-omega

? 何て呼んだらいいの

ClustalW
「クラスタルダブリュー」
Clustal Omega
「クラスタルオメガ」

◁◁ 多重配列アラインメントに
ついては，『Dr. Bono の生命科学
データ解析第2版』のp.141「多重
配列アラインメントと系統樹」も参
照。

```
# 多重配列アラインメント実行
% clustalo -i oreno_aa.fasta -o oreno_clustalo.fasta
# 出力結果を確認
% less oreno_clustalo.fasta
>G5EGD2 Hypoxia-inducible factor 1 OS=Caenorhabditis elegans OX=6239 GN=hif-1 PE=1
SV=1
------------------------------------------------------------
-MEDNRKRNMERRRETSRHAARDRRSKESDIFDDLKMCVPIVEEGTVTHLDRIALLRVAA
TICRLRKTAGNVLENN-L-------------------DNEITNEVWTED-----TIAECL
DGFVMIVDSDSSILYVTESVAMYLGLTQTDLTGRALRDFLHPSDYDEFDKQSKMLHKP--
----R-----GEDTDTTGINMVLRMKTVISPRGRCLNLKSALYKSVSF------LVHSKV
STGGHVSFMQGITIPAGQGTTNANASA---------MTKYTESP--MGAFTTRHTCDMRI
TFVSDKFNYILKSELKTLMGTSFYELVHPADMMIVSKSMKELFAKGHIRTPYYRLIAAND
TLAWIQTEATTITHTTKGQKGQYVICVHYVLGIQGAEESLVVCTDSMPAGMQVDIKKEVD
DT--RDYIGRQPEIVECVD----FT---------------------------PLIEP
EDPFDTVIEPVVG--GEEPVKQADMGAR-----------KNSYDDVLQ-----WLFRD-Q
PSSPPPARYR--SADRFRTTEPSNFGSALASPDFMDSSSRTSRPKTSYGRRAQS------
-----------------QGSRT-TGSSSTSASATLPHSANYSPLAEGISQCGLNSPPSI
KSGQVV----YGDARS--------------------------------MG------
-------RSCDPSDSSRRFS----------------------ALSPSDTL------
-----------------------NVSSTRGINPVIGSNDVFSTMPFADSIAIAERID
SSPTLTSGEPILCDD------LQWEEPDLSCLAPFVDTYD-MMQMDEGLPPELQALYDLP
DFTPAVPQAPAARPVHIDRSPPAKRMHQSGPSDLDF-------MYTQHYQPFQQDETYWQ
GQQQQNEQQPSSYSPFPMLS----------------------------------
------------------------------------------------------------
------------------------------------------------------------
------------------------------------------------------------
------------------------------------------------------------
------------------------------------------------------------
------------------------------------------------------------
------------------------------------------------------------
------------------------------------------------------------
------------------------------------------------------------
----------------------------------
>Q0PGG7 Hypoxia-inducible factor 1-alpha OS=Bos mutus grunniens OX=30521 GN=HIF1A
PE=2 SV=1
------------------------------------------------MEG-AG
GANDKKKISSERRKEKSRDAARSRRSKESEVFYELAHQLPLP-HNVSSHLDKASVMRLTI
SYLRVRKLLDAGD--LDIEDEM-----------------------KAQMNCFYLKAL
DGFVMVLTDDGDMIYISDNVNKYMGLTQFELTGHSVFDFTHPCDHEEMREMLTHRNGL--
VKKGK-------EQNTQRSFFLRMKCTLTSRGRTMNIKSATWKVLHC------TGHIHV
YDTNS------NQSQ-CGYKKPPMTCLVLICEPIPHPSNIEIPLDSKTFLSRHSLDMKF
SYCDERITELMGYEPEELLGRSIYEYYHALDSDHLTKTHHDMFTKGQVTTGQYRMLAKKG
```

```
GYVWIETQATVIY-NTKNSQPQCIVCVNYVVSGIIQHDLIFSLQQTECV-----------
----------------------LKPVESSDMKMTQLFT---KVES-EDTSSLFDKLKKE
PDA-LTLLAPAA----GDTIISLDFGSNDTETDDQQLEEVPLYNDVMLPSSNEKLQNINL
AMSPLPASETPKPLRSSADPALN-----QEVALKLEPNPESLGLSFTMPQIQDQP-----
-----------------------ASPSDGSTR--QSSPE-------------PNSP--
---SEYCFDVDGDMV---------------------------------------------
------------------------------------------------------------
------------------------NEFKLELVEKLFAEDTEAK---------------
--------------NPFSTQ-D-TDLDLEMLAPYIPMDD-DFQLRS--------FDQL-
--SPLENSST------------SPQSAS--TNTVFQPTQMQEPPIATVTT-----TAT
SDE-LK-TVTKDGMKDIKILIAFPSPP----------------------HV-PKE
PPC-ATTSPYSDTGSRTASPSRA----GKG---VIEQT---------E---KSHPRSPNV
LSV---A-LSQRTT--------------APEEELNPKILAL-QN-AQRKRKIEHDGSLF
QAVGIGTLLQQPDDRATTTSLSWKRVKGCKSSEQNGMEQKT------------------
-----------------------------------------------------II------
---LIPSDLVCRLLG----------------Q-----------SMDESG---------
------------LPQLTSYDCEVNAP----IQGSRN-LL-----------QGEELLRA
L--------------DQVN-----------------------------------------
------------------------------------------------------------
------------------------------------------------------------
----------------------------------
>Q9XTA5 Hypoxia-inducible factor 1-alpha OS=Bos taurus OX=9913 GN=HIF1A PE=2 SV=1
----------------------------------------------------MEG-AG
GANDKKKISSERRKEKSRDAARSRRSKESEVFYELAHQLPLP-HNVSSHLDKASVMRLTI
SYLRVRKLLDACD--LDIEDEM-----------------------KAQMNCFYLKAL
DGFVMVLTDDGDMIYISDNVNKYMGLTQFELTGHSVFDFTHPCDHEEMREMLTHRNGL--
```
（以下略）

　出力ファイルも FASTA ファイルであるが，多重配列アラインメントされた結果，ギャップの入った FASTA ファイルとなっている。なお，ギャップは - で表現されている。アラインメントされた結果は，このギャップ入り FASTA ファイルのままでは人間にとっては見づらいので，次節で紹介する多重配列アラインメントビューワーで可視化する。

　なお，ClustalW 互換で結果を出力するオプションがあり，以下のように **--outfmt=clustal** と指定する。

```
# 多重配列アラインメント実行（ClustalWスタイル）
% clustalo -i oreno_aa.fasta --outfmt=clustal > oreno_clustalo.aln
# 出力結果を確認
% less oreno_clustalo.aln
CLUSTAL O(1.2.4) multiple sequence alignment


G5EGD2      --------------------------------------------------------------
Q0PGG7      ----------------------------------------------------MEG-AG
Q9XTA5      ----------------------------------------------------MEG-AG
Q61221      ----------------------------------------------------ME-GAG
Q9YIB9      ----------------------------------------------------MDSPG
Q16665      ----------------------------------------------------MEG-AG
Q309Z6      ----------------------------------------------------MEGAAG
O35800      ----------------------------------------------------ME-GAG
Q9JHS2      ----------------------------------------------------------
Q0VBL6      ----------------------------------------------------------
Q9Y2N7      ------------------------------------------------------MA
Q99814      ------------------------------------------------------MT
Q98SW2      ----------------------------------------------------MDTGV
P97481      ------------------------------------------------------MT
Q9JHS1      ------------------------------------------------------MT
Q24167      MVSLIDTIEAAAEKQKQSQAVVTNTSASSSSCSSSFSSSPPSSSVGSPSPGAPKTNLTAS
Q9I8A9      -----------------------------------------------------MEGSV


G5EGD2      -MEDNRKRNMERRRETSRHAARDRRSKESDIFDDLKMCVPIVEEGTVTHLDRIALLRVAA
Q0PGG7      GANDKKKISSERRKEKSRDAARSRRSKESEVFYELAHQLPLP-HNVSSHLDKASVMRLTI
Q9XTA5      GANDKKKISSERRKEKSRDAARSRRSKESEVFYELAHQLPLP-HNVSSHLDKASVMRLTI
Q61221      GENEKKKMSSERRKEKSRDAARSRRSKESEVFYELAHQLPLP-HNVSSHLDKASVMRLTI
Q9YIB9      GVTDKKRISSERRKEKSRDAARCRRSKESEVFYELAHQLPLP-HTVSAHLDKASIMRLTI
Q16665      GANDKKKISSERRKEKSRDAARSRRSKESEVFYELAHQLPLP-HNVSSHLDKASVMRLTI
Q309Z6      GEEKKNRMSSERRKEKSRDAARSRRSKESEVFYELAHQLPLP-HNVSSHLDKASVMRLTI
O35800      GENEKKKMSSERRKEKSRDAARSRRSKESEVFYELAHQLPLP-HNVSSHLDKASVMRLTI
Q9JHS2      MDWDQDRSSTELRKEKSRDAARSRRSQETEVLYQLAHTLPFA-RGVSAHLDKASIMRLTI
Q0VBL6      MDWDQDRSNTELRKEKSRDAARSRRSQETEVLYQLAHTLPFA-RGVSAHLDKASIMRLTI
Q9Y2N7      LGLQRARSTTELRKEKSRDAARSRRSQETEVLYQLAHTLPFA-RGVSAHLDKASIMRLTI
Q99814      ADKEKKRSSSERRKEKSRDAARCRRSKETEVFYELAHELPLP-HSVSSHLDKASIMRLAI
Q98SW2      VPEKKSRVSSDRRKEKSRDAARCRRGKESEVFYELAQELPLP-HSVTSNLDKASIMRLAI
P97481      ADKEKKRSSSELRKEKSRDAARCRRSKETEVFYELAHELPLP-HSVSSHLDKASIMRLAI
Q9JHS1      ADKEKKRSSSELRKEKSRDAARCRRSKETEVFYELAHELPLP-HSVSSHLDKASIMRLAI
Q24167      GKPKEKRRNNEKRKEKSRDAARCRRSKETEIFMELSAALPLK-TDDVNQLDKASVMRITI
```

```
Q9I8A9    VVSEKKRISSERRKEKSRDAARCRRSNESEVFYELSHELPLP-HNVSSHLDKASIMRLDH
          ..  :  . : *:*.**.*** **.:*:::: :*    :*:       :**: :::*:


G5EGD2    TICRLRKTAGNVLENN-L------------------DNEITNEVWTED-----TIAECL
Q0PGG7    SYLRVRKLLDAGD--LDIEDEM--------------------------KAQMNCFYLKAL
Q9XTA5    SYLRVRKLLDAGD--LDIEDEM--------------------------KAQMNCFYLKAL
Q61221    SYLRVRKLLDAGG--LDSEDEM--------------------------KAQMDCFYLKAL
Q9YIB9    SYLRMRKLLDAGE--LETEANM--------------------------EKELNCFYLKAL
Q16665    SYLRVRKLLDAGD--LDIEDDM--------------------------KAQMNCFYLKAL
Q309Z6    SYLRVRKLLDAGD--LDIEDDM--------------------------KAQMNCFYLKAL
O35800    SYLRVRKLLDAGD--LDIEDEM--------------------------KAQMNCFYLKAP
Q9JHS2    SYLRMHRLCAAGE--WNQVRKE--------------------------GEPLDACYLKAL
Q0VBL6    SYLRMHRLCAAGE--WNQVEKG--------------------------GEPLDACYLKAL
Q9Y2N7    SYLRMHRLCAAGE--WNQVGAG--------------------------GEPLDACYLKAL
Q99814    SFLRTHKLLSSVCSENESEAEA--------------------------DQQMDNLYLKAL
Q98SW2    SYLHMRNLLSTDNEEEQEEREM--------------------------DSQLNGSYLKAI
P97481    SFLRTHKLLSSVCSENESEAEA--------------------------DQQMDNLYLKAL
Q9JHS1    SFLRTHKLLSSVCSENESEAEA--------------------------DQQMDNLYLKAL
Q24167    AFLKIREMLQFVPSLRDCNDDIKQDIETAEDQQEVKPKLEVGTEDWLNGAEARELLKQTM
Q9I8A9    QLPAVEKVADAGD--LDGETEL--------------------------DKQLNCFYLKAL
          ..                                                        :


G5EGD2    DGFVMIVDSDSSILYVTESVAMYLGLTQTDLTGRALRDFLHPSDYDEFDKQSKMLHKP--
Q0PGG7    DGFVMVLTDDGDMIYISDNVNKYMGLTQFELTGHSVFDFTHPCDHEEMREMLTHRNGL--
Q9XTA5    DGFVMVLTDDGDMIYISDNVNKYMGLTQFELTGHSVFDFTHPCDHEEMREMLTHRNGL--
Q61221    DGFVMVLTDDGDMVYISDNVNKYMGLTQFELTGHSVFDFTHPCDHEEMREMLTHRNGP--
Q9YIB9    DGFVMVLSEDGDMIYMSENVNKCMGLTQFDLTGHSVFDFTHPCDHEELREMLTHRNGP--
Q16665    DGFVMVLTDDGDMIYISDNVNKYMGLTQFELTGHSVFDFTHPCDHEEMREMLTHRNGL--
Q309Z6    DGFVMVLTDDGDMIYISDNVNKYMGLTQFELTGHSVFDFTHPCDHEEMREMLTHRNGP--
O35800    DGFVMVLTDDGDMIYISDNVNKYMGLTQFELTGHSVFDFTHPCDHEEMREMLTHRNGP--
Q9JHS2    EGFVMVLTAEGDMAYLSENVSKHLGLSQLELIGHSIFDFIHPCDQEELQDALTPRPSL--
Q0VBL6    EGFVMVLTAEGDMAYLSENVSKHLGLSQLELIGHSIFDFIHPCDQEELQDALTPRPNL--
Q9Y2N7    EGFVMVLTAEGDMAYLSENVSKHLGLSQLELIGHSIFDFIHPCDQEELQDALTPQQTL--
Q99814    EGFIAVVTQDGDMIFLSENISKFMGLTQVELTGHSIFDFTHPCDHEEIRENLSLKNGSF
Q98SW2    EGFLMVLSEDGDMIYLSENVNKCLGLAQIDLTGLSVFEYTHPCDHEELREMLVHRTGT--
P97481    EGFIAVVTQDGDMIFLSENISKFMGLTQVELTGHSIFDFTHPCDHEEIRENLTLKNGSF
Q9JHS1    EGFIAVVTQDGDMIFLSENISKFMGLTQVELTGHSIFDFTHPCDHEEIRENLTLKTGSF
Q24167    DGFLLVLSHEGDITYVSENVVEYLGITKIDTLGQQIWEYSHQCDHAEIKEALSLKREL--
Q9I8A9    EGFVLVLTEEGDMIYLSENVNKCMGLTQFELTGHSVFDFTHPCDHEELREMLTFRNGP--
          :**: ::   :..: :::::.:     :*::: :  *   : :: * .*   *: .
```

(以下略)

また，mafft も Clustal Omega 同様，多重配列アラインメントによく用いられる。mafft は日本の研究者による研究成果である。mafft も Bioconda で簡単にインストール，Clustal Omega と同様のコマンド操作で実行できる＊。

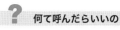

何て呼んだらいいの

mafft
「マフト」

 mafft については，『Dr. Bono の生命科学データ解析第2版』の p.143 も参照。

＊

執筆時点では，mafft も Apple silicon Mac では Bioconda を使ってインストールできないので Homebrew を使ってインストールした。
```
% brew install
mafft
```

```
# Biocondaでmafftをインストール
% conda install mafft
# mafftで多重配列アラインメント実行
% mafft --auto oreno_aa.fasta > oreno_mafft.fasta
# 出力結果を確認
% less oreno_mafft.fasta
>G5EGD2 Hypoxia-inducible factor 1 OS=Caenorhabditis elegans OX=6239 GN=hif-1 PE=1
SV=1
-----------------------------------------------------------
-MEDNRKRNMERRRETSRHAARDRRSKESDIFDDLKMCVPIVEEGTVTHLDRIALLRVAA
TICRLRKTAGNV-------LENNLDNEITNEVW-----------------TEDTIAECL
DGFVMIVDSDSSILYVTESVAMYLGLTQTDLTGRALRDFLHPSDYDEFDKQSKMLHKP--
-RGEDTDTTG--------INMVLRMKTVISPRGRCLNLKSALYKSVSFLV------HSKV
STGGHVSFMQGITIPAGQGTTNANASAMT---------KYTESPMG--AFTTRHTCDMRI
TFVSDKFNYILKSELKTLMGTSFYELVHPADMMIVSKSMKELFAKGHIRTPYYRLIAAND
TLAWIQTEATTITHTTKGQKGQYVICVHYVLGIQGAEESLVVCTDSMPAG----------
-----------------------MQVDIK-KE----VDDTR---DYIGRQP------
---EIVECVDFTPLIEP---EDPFDTVIEPVVGGEEPVKQADMGARKNSYDDVLQWLFRD
Q------PSSPPPARYRSADRFRTTEPSNFGSALASPDFMDSSSRTSRPKT----SYGRR
AQSQGSRTTGSS-STS---ASATL--------------PHSANYSPLAEGISQCGLNSPP
SIKSGQVVYGDARSMGRSCDPSDSSRRFSALSPSDTL--NVSST-RGINPVIGSNDVFST
M--PFADSIAIAERIDSSPTLTSGEPILCDDLQW-----EEPDLSCLAPFVDTY-DMMQM
DEGLPPELQALYDLPDFTPAVPQAPAA--RPVHI-------------------------
-------------------------DR-------------------------------
-----------------------------------------------------------
-----------------------------------------------------------
----------SPPA---------------------------------------------
------------------KRMHQS-----------------------------------
----------------------------------------------------------G
```

```
PSDLD----------------------------------------------FMYTQH
-YQPFQQDETYWQ-------------------------------------------
----------------------------------------GQQQQNEQQPSSY---
---------------------------------------------SP--------
------FPMLS---------------------------------------------
-------------------------------------------------------
--------------
>Q0PGG7 Hypoxia-inducible factor 1-alpha OS=Bos mutus grunniens OX=30521 GN=HIF1A
PE=2 SV=1
ME---------------------------------------------------GAG
GANDKKKISSERRKEKSRDAARSRRSKESEVFYELAHQLPL-PHNVSSHLDKASVMRLTI
SYLRVRKLL----------DAGDLDIEDEMKAQ-----------------MNCFYLKAL
DGFVMVLTDDGDMIYISDNVNKYMGLTQFELTGHSVFDFTHPCDHEEMREMLTHRNGL--
VKKGKEQNTQ--------RSFFLRMKCTLTSRGRTMNIKSATWKVLHCTG------HIHV
YDT------NSNQSQCGY--KKPPMTCLVLICEPIPHPSNIEIPLDSKTFLSRHSLDMKF
SYCDERITELMGYEPEELLGRSIYEYYHALDSDHLTKTHHDMFTKGQVTTGQYRMLAKKG
GYVWIETQATVI-YNTKNSQPQCIVCVNYVVS-GIIQHDLIFSLQQTECV----------
-------------------LKPVESSDMKMTQLFTK-VE----SEDTSSLFDKLKKEP------
---------DALTLLAP----AAGDTIISLDFGSNDTETDDQQLEEVPLYNDVMLPSSNE
KLQNINLAMSPLPASETPKPLRSSADPALNQEVALKL--------EPNPESLGL-SFTMP
QIQDQPASPSDG-STR---QSSPE--------------PNSP-----------------
-------------------SEYCFDVDGDMVNEFKL--ELVEK---------------
---LFAED-------TEAKNPFSTQD-------------TDLDLEMLAPYIPMD-DDFQL
RSFDQLS----------PLENSSTS----PQSA---------STNTV-FQPTQMQEPPI
----ATVTTTATSD--------------------ELKTVTKDGMKDIKILIA-----
----------------FPSPPHVPKEPPCATT--------------------------
---------------------------------------------------------
----------SPYS--DTGSRTASPSRAG------------------------KGVI-
----------------------EQTEKS-----------------------------
-------------------------------------------------------H
PRSPN--------VLSVALSQRTTAPE------EELNPKILAL-----------QNAQR
-KRKIEHDGSLFQ---------------------------------------------
--------AVGIGTLL----------------------------QQPDDRATTTSLSW
KRVKGCKSSEQNGMEQKTIIL------------------------------IP--------
-----------------------------------SDLVCRLLGQSMDESG-------
------LPQLTSYDCE------------------------------------------
-----------------VNAP--------IQGSRNLL--------QGEELLRA------
----LDQVN------
>Q9XTA5 Hypoxia-inducible factor 1-alpha OS=Bos taurus OX=9913 GN=HIF1A PE=2 SV=1
ME---------------------------------------------------GAG
GANDKKKISSERRKEKSRDAARSRRSKESEVFYELAHQLPL-PHNVSSHLDKASVMRLTI
SYLRVRKLL----------DAGDLDIEDEMKAQ-----------------MNCFYLKAL
DGFVMVLTDDGDMIYISDNVNKYMGLTQFELTGHSVFDFTHPCDHEEMREMLTHRNGL--
VKKGKEQNTQ--------RSFFLRMKCTLTSRGRTMNIKSATWKVLHCTG------HIHV
```
（以下略）

■ 多重配列アラインメントの可視化

　多重配列アラインメントの可視化手段として，単純には Jalview（`https://www.jalview.org/`）を使うとよい。インストールの手順は統合 TV 「Jalview を使って配列解析・系統樹解析をする」を参照。

　アラインメント後のファイル（**oreno_clustalo.fasta** や **oreno_mafft.fasta** など）を読み込むことができ，分子系統樹を手軽に描画することができる（図3.11）。Jalview は単なるアラインメントビューワーではなく，実に多機能であり，アラインメントを編集することもできる。また，多重配列アラインメントする前の配列セットを読み込んで，アラインメントのウェブサービスに計算リクエストを出して，その結果を可視化することもできる。そして，多重配列アラインメントに対して系統樹をその場で計算して描画する機能もついており，大変便利である。閾値をクリックで選ぶと，それにもとづいてグループ分けがなされ，自動的に色づけされるのが非常に便利なツールである（⚪参照）。

シークエンスロゴによる可視化

　多重配列アラインメントを可視化する方法として，シークエンスロゴ（sequence logo）がある。より保存されている塩基やアミノ酸を大きな文字として表すことで，保存度を可視化する。シークエンスロゴを簡単に生成

統合 TV

「Jalview を使って配列解析・系統樹作成をする」
`https://doi.org/10.7875/togotv.2022.052`

図3.11　Jalview の実行画面
アラインメントを読み込んだ後に，タイトルメニューの Calculate から Calculate Tree or PCA を選ぶと分子系統樹が描画される。デンドログラムをクリックするとその場所を閾値として遺伝子がグループ分けされ，自動的に色づけされる。その色づけはアラインメントの方と連動していて，対応関係がよくわかる。

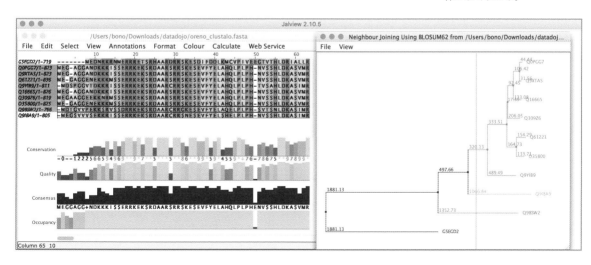

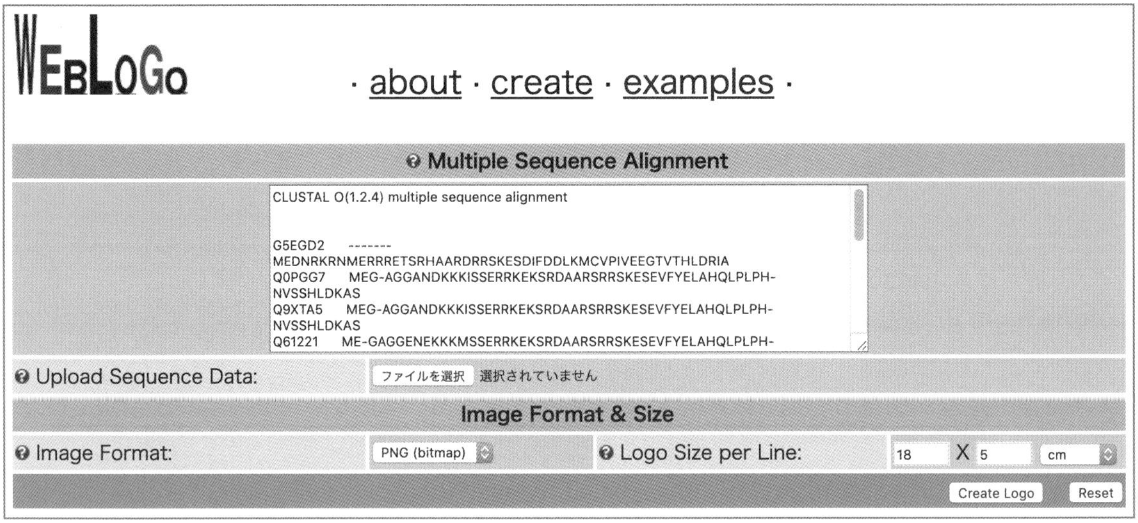

WEBLOGO
· about · create · examples ·
Multiple Sequence Alignment
CLUSTAL O(1.2.4) multiple sequence alignment
G5EGD2 -------
MEDNRKRNMERRRETSRHAARDRRSKESDIFDDLKMCVPIVEEGTVTHLDRIA
Q0PGG7 MEG-AGGANDKKKISSERRKEKSRDAARSRRSKESEVFYELAHQLPLPH-
NVSSHLDKAS
Q9XTA5 MEG-AGGANDKKKISSERRKEKSRDAARSRRSKESEVFYELAHQLPLPH-
NVSSHLDKAS
Q61221 ME-GAGGENEKKKMSSERRKEKSRDAARSRRSKESEVFYELAHQLPLPH-
Upload Sequence Data:
ファイルを選択 選択されていません
Image Format & Size
Image Format:
PNG (bitmap)
Logo Size per Line:
18 X 5 cm
Create Logo
Reset

図3.12　WebLogoの入力インターフェース

bits
4
3
2
1
0
N
C
weblogo.berkeley.edu

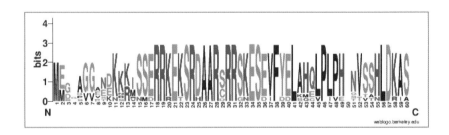

図3.13　WebLogoの生成例

するシステムとして，WebLogo（https://weblogo.berkeley.edu/）がある。多重配列アラインメント全部を入れてしまうと各アミノ酸が小さくなり，うまく可視化されないので，保存度を可視化したい領域に絞って，多重配列アラインメントをウェブインターフェースに貼りつける（図3.12）。

そうすると図3.13に示すようなシークエンスロゴがすぐに生成され，表示される。

▌系統樹作成と可視化

Jalviewで描画した系統樹には，ブートストラップ確率がついていない。系統樹の信頼性を評価する必要がある場合には，ブートストラップ確率を計算して表示できるプログラムを使う必要がある。その１つとして，fasttree（http://www.microbesonline.org/fasttree/）というプログラムが使

われており，系統樹を書くための newick フォーマットのファイルを作成してくれる。fasttree も Bioconda でインストールして簡単に使うことができる*。多重配列アラインメントされたファイルを入力とし，系統樹を書くための情報が書かれた newick 形式のファイルを出力する。

何て呼んだらいいの

newich
「ニューイック」

執筆時点では，fasttree も Apple silicon mac では Bioconda を使ってインストールできないので Homebrew を使ってインストールした。
```
% brew install
fasttree
```

```
# fasttreeをBiocondaでインストール
% conda install fasttree
# 実行し，newick形式ファイルが出力される
% fasttree < oreno_mafft.fasta > oreno_mafft.newick
# 生成されたnewick形式のファイルを確認
% less oreno_mafft.newick
(Q16665:0.018710480,(Q0PGG7:0.006289339,Q9XTA5:0.001009563)1.000:0.020707946,
((Q9YIB9:0.075738007,(Q9I8A9:0.295298163,(Q98SW2:0.363881998,((Q99814:0.04702
9583,(P97481:0.021143959,Q9JHS1:0.045348145)0.980:0.046902436)1.000:0.3853200
86,((Q9Y2N7:0.083267602,(Q9JHS2:0.041595917,Q0VBL6:0.016777444)0.982:0.101225
154)1.000:0.632862431,(G5EGD2:1.372739921,Q24167:0.739814073)0.989:0.35705945
8)0.959:0.158835955)0.997:0.151524911)0.989:0.091401921)0.975:0.060758088)1.000:
0.113449753,(Q309Z6:0.022788003,(Q61221:0.015561964,O35800:0.013505880)1.000:
0.030513919)0.995:0.022235943)0.853:0.005330736);
```

得られた newick 形式のファイルは，系統樹描画プログラムで可視化する。それが可能なプログラムとして，MEGA がある（図 3.14）。

MEGA は，系統樹作成のデフォルトスタンダードとなっている。MEGA の使い方の詳細は，書籍『生命科学データベース・ウェブツール』や統合 TV を参照されたい（ ●参照）。

 統合 TV

「MEGA7を使って配列のアラインメント・系統解析を行う」
https://doi.org/10.7875/togotv.2017.106

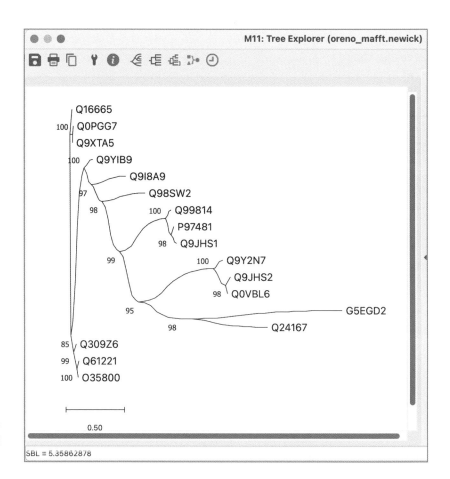

図3.14 MEGA11による newick形式ファイルの可視化
MEGA11による系統樹描画の図。ブートストラップ確率が表示されている。

■ 結果の解釈

　系統樹を一度書いてそれで満足できればよいが，書いてみて問題が明らかになることも多々ある。その場合，ノードを追加，もしくは枝刈りして再度多重配列アラインメントする。

　また，図3.7の例ではIDだけでどの生物かよくわからないので，標識を生物種名に変えてみよう。この例の場合，すべてが *HIF1A* の遺伝子配列なので，IDを生物種名に置換しても問題ない。そこで，FASTAヘッダーをパースして，IDと生物種対応表を作る。

```
# IDと生物種対応表作成
% grep ^\> oreno_mafft.fasta | perl -ne '$id=$1 if(/^\>(\S+)/); $os=$1
if(/OS=(\S+\s+\S+)/); print "$id\t$os\n"' > id2species.txt
# 中身確認
% less id2species.txt
G5EGD2 Caenorhabditis elegans
Q0PGG7 Bos mutus
Q9XTA5 Bos taurus
Q61221 Mus musculus
Q9YIB9 Gallus gallus
Q16665 Homo sapiens
Q309Z6 Eospalax fontanierii
O35800 Rattus norvegicus
Q9JHS2 Rattus norvegicus
Q0VBL6 Mus musculus
Q9Y2N7 Homo sapiens
Q99814 Homo sapiens
Q98SW2 Oncorhynchus mykiss
P97481 Mus musculus
Q9JHS1 Rattus norvegicus
Q24167 Drosophila melanogaster
Q9I8A9 Xenopus laevis
```

　この対応表をもとに newick ファイルを置換するのだが，その置換するための Perl スクリプト **id2species.pl** を作成する。

id2species.pl

```
#!/usr/bin/env perl

my($file) = shift(@ARGV);

open(FILE, $file) or die "$file:$!\n";
while(<FILE>) {
        chomp;
        my($id,$species) = split(/\t/);
        $species =~ s/ /_/g;
        $speciesof{$id} = $species;
}
close FILE;
```

GitHub ファイル取得

このファイル**id2species.pl**
は，DrBonoDojo2 GitHubの
3-3ディレクトリに置いてあ
る。
https://github.com/
bonohu/DrBonoDojo2/blob/
master/3-3/id2species.pl

```
while(<STDIN>) {
        chomp;
        foreach $id (keys %speciesof) {
                s/$id/$speciesof{$id}/;
        }
        print "$_\n";
}
```

　このスクリプトと対応表を用いて，以前に作成したnewickファイルのID
を生物種名に置換する。

```
# Perlスクリプトを実行して，newickファイル中のIDを生物種名に置換する
% perl id2species.pl id2species.txt < oreno_mafft.
newick > oreno_mafft2.newick
```

　そして，**oreno_mafft2.newick** ファイルを用いて，分子系統樹をMEGA11
で再度描画する（図3.15）。

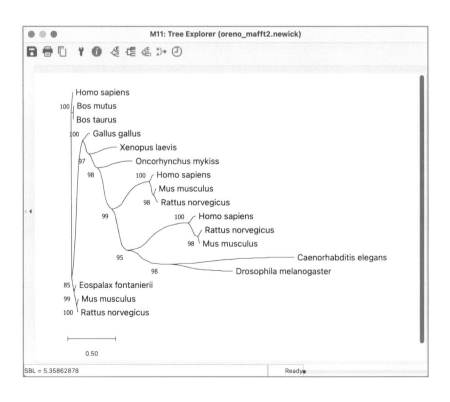

**図3.15　MEGA11による
newick形式ファイルの可視
化2**　MEGA11でHIF1Aの分
子系統樹を再度描画する。ID
ではなく，生物種名（学名）を
表示することで系統樹の解釈
がしやすくなっている。

無味乾燥な DB の ID を，人間が理解しやすい生物種名へと置換することによって，生物学的な解釈がしやすい図が得られる。

3.4 タンパク質構造解析

タンパク質は**ドメイン**（domain）や**モチーフ**（motif）と呼ばれる機能単位に分けられると考えられている。本書ではそれらを代表してドメインと呼ぶことにする（コラム「ドメイン？ モチーフ？」参照）。

ドメインは，一群の連続した特徴のあるアミノ酸配列で構成されると考えられている。例えば，あるタンパク質が Zn（ジンク）フィンガーを含む場合，このドメインは DNA と結合する特徴をもつので，そのタンパク質は転写因子だろうと機能を推測できる。与えられたアミノ酸配列に対してどういったドメインをもつのかを検索することで，このような機能推定をすることが可能である。

■ タンパク質ドメインのデータベース

そこで，それらのドメインに対して，これまでさまざまなデータベースが作成されてきた。ドメインのデータベースは多数あり，推定方法や作っている機関が異なっている。

コラム

ドメイン？ モチーフ？

ドメイン，ファミリー（family），モジュール(module)，シグネチャー(signature)，モチーフ。

これらはすべてタンパク質配列中の特徴ある配列群を指す言葉であるが，このようにさまざまな呼び名が存在している。Dr. Bono の感覚的には，左の言葉は配列が長く，右にいくほど短いイメージがある。タンパク質の機能領域の長さは，特に決まった範囲に限定されるものではない。そこで，本書では最も一般的と考えられるドメインという言葉で統一して説明している。

InterPro

それらの複数のタンパク質ドメインデータベースを統合するデータベースとして InterPro が European Bioinformatics Institute（EBI）で作成されている。執筆時点で InterPro に参加しているタンパク質ドメインデータベースは 13 種類ある（https://www.ebi.ac.uk/interpro/）。

InterPro に参加しているデータベースをタンパク質配列情報で検索するプログラムとして **interproscan** がある。InterPro のウェブサイトでも実行できるほか，プログラムをダウンロードしてきて，コマンドラインでローカルにも実行できる。

しかしながら，そのプログラムのインストールもさることながら，InterPro に参加しているすべてのデータベースをダウンロードしてくること，そして出てきた結果を人手で解釈することは一苦労である。

Pfam

 Pfamについては，『Dr. Bonoの生命科学データ解析第2版』のp.62も参照。

そこで，その InterPro の中でコマンドラインで大量に検索するには Pfam の利用をおすすめする。Pfam は，タンパク質ドメインがもつ配列の特徴を隠れマルコフモデル（hidden markov model：HMM）のプロファイルとして表現したデータベースである。本書執筆時点で，Pfam はバージョン 35.0（19,632 entries）となっている。以下で Pfam のプロファイルを用いた配列解析を，実例を交えて紹介する。

InterPro で Keyword 検索すると図 3.16 のように一つのドメインに対して複数のドメインデータベースがヒットする。図 3.16 の検索結果の中から PF00113, Enolase, C-terminal TIM barrel domain をまず選択する。するとこのエントリのページが表示される（図 3.17）。コマンドライン計算に必要な Pfam の HMM プロファイルを得るには，そのページの左側のカラムの中の Curation を選択し，移った先のページ（図 3.18）の HMM information にある download のリンクからダウンロードする。これをクリックすると，この例の場合には，**PF00113.hmm.gz** という名前のファイルを取得できる。

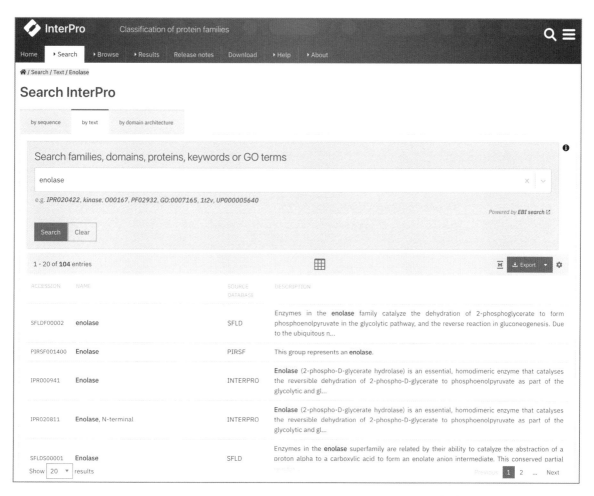

図3.16 **Keyword**で
InteProを検索 Keyword
searchでenolaseと入力して
検索した結果。

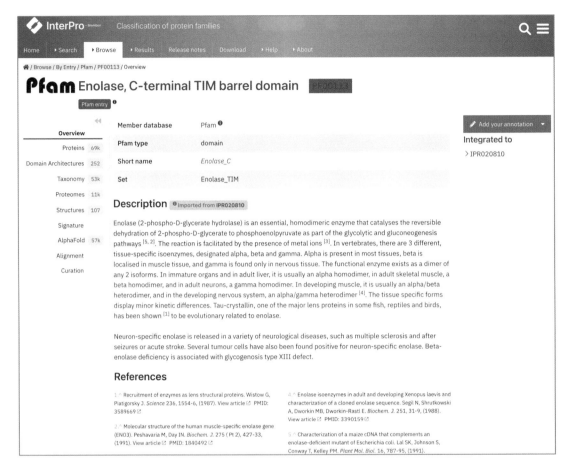

図3.17　HMMプロファイルを取得　InterProのPfam各エントリのCuration & modelのページから、それぞれのHMMプロファイルは取得できる。

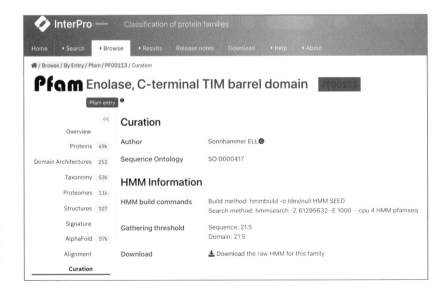

図3.18　InterProのEnolase, C-terminal TIM barrel domain（PF00113）のエントリ

```
# HMMプロファイルの展開
% gunzip PF00113.hmm.gz
```

PF00113.hmm.gz を gunzip で展開した PF00113.hmm の中身は以下の
ようになっている。

PF00113.hmm

```
HMMER3/f [3.1b2 | February 2015]
NAME  Enolase_C
ACC   PF00113.22
DESC  Enolase, C-terminal TIM barrel domain
LENG  296
ALPH  amino
RF    no
MM    no
CONS  yes
CS    yes
MAP   yes
DATE  Thu Aug  2 23:28:31 2018
NSEQ  9
EFFN  0.654785
CKSUM 2360876519
GA    21.50 21.50;
TC    21.50 21.50;
NC    21.40 21.40;
BM    hmmbuild HMM.ann SEED.ann
SM    hmmsearch -Z 45638612 -E 1000 --cpu 4 HMM pfamseq
STATS LOCAL MSV       -11.0260  0.70140
STATS LOCAL VITERBI   -11.7198  0.70140
STATS LOCAL FORWARD    -5.3917  0.70140
HMM         A        C        D        E        F        G        H        I
K      L        M        N        >
         m->m     m->i     m->d     i->m     i->i     d->m     d->d
  COMPO  2.43620  4.46373  2.85115  2.60917  3.39335  2.70227  3.79031  2.76824
2.70057  2.48201  3.66436  3.02131  3>
         2.68618  4.42225  2.77519  2.73123  3.46354  2.40513  3.72494  3.29354
2.67741  2.69355  4.24690  2.90347  2>
         0.13900  3.98149  2.19722  0.61958  0.77255  0.00000        *
      1  2.38412  4.78563  2.77642  2.11297  4.10786  3.30995  3.61752  3.52451
2.28293  3.12029  3.93860  2.87693  3>
```

```
           2.68618    4.42225    2.77519    2.73123    3.46354    2.40513    3.72494    3.29354
2.67741   2.69355    4.24690    2.90347    2>
           0.03136    3.87384    4.59619    0.61958    0.77255    0.42856    1.05397
        2  2.57673    4.23046    3.55521    2.98705    2.96947    3.57611    3.30145    2.54173
2.67372   2.28959    3.33045    3.35277    3>
           2.68618    4.42225    2.77519    2.73123    3.46354    2.40513    3.72494    3.29354
2.67741   2.69355    4.24690    2.90347    2>
           0.02811    3.98149    4.70383    0.61958    0.77255    0.48576    0.95510
        3  2.63351    4.20700    3.92086    3.39118    3.47618    3.66925    4.17970    1.96067
3.29710   2.37847    3.40658    3.66818    4>
           2.68618    4.42225    2.77519    2.73123    3.46354    2.40513    3.72494    3.29354
2.67741   2.69355    4.24690    2.90347    2>
           0.02811    3.98149    4.70383    0.61958    0.77255    0.48576    0.95510
 （以下略）
```

　この HMM プロファイルを用いて，以下の節で HMM を用いたタンパク質ドメイン検索（以下，HMM 検索と呼ぶ）を行う。

▌ タンパク質ドメインの配列解析

　配列の検索については，『Dr. Bonoの生命科学データ解析第2版』のp.77およびp.146も参照。

　位置特異的スコア行列については，『Dr. Bonoの生命科学データ解析第2版』のp.166も参照。

？　何て呼んだらいいの

HMMER
「ハマー」

　塩基配列やタンパク質ドメイン検索には **grep** などのコマンドで正規表現を使って検索することももちろん用いられる。しかしながら，完全マッチすることは実際には少ないため，アミノ酸配列の場合は特に，位置特異的スコア行列（position specific score matrix）と呼ばれるプロファイル検索が用いられてきた。その中でも，HMM で表現されたタンパク質ドメインのプロファイル（以下，HMM プロファイルと呼ぶ）を用いて，HMMER というツールを使って検索することが多い。この HMMER にはいくつかのコマンドが用意されており，おもにできることは以下のとおりである。

1. 特定の HMM プロファイルを使って，タンパク質配列データベースを検索
2. 特定のタンパク質配列を使って，それに含まれるタンパク質ドメインを検索

　これらについて以下で具体例を使って説明する。

インストール

HMMER も Biconda で簡単にインストールできる。執筆時点では，HMMER は Apple silicon Mac では Bioconda や Homebrew を使ってインストールできない。そこで，この HMMER に関しては Docker で動かすコマンドラインも併記する。

```
% conda install hmmer
```

タンパク質配列データベースに対して検索

HMMER パッケージの `hmmsearch` で，特定の HMM プロファイルを用いて検索することができる。

UniProt に対する検索例

例えば，上で取得した HMM プロファイル（Enolase の C 末端側ドメインなので，以後 Enolase_C と呼ぶ）を用いて，そのドメインをもつと考えられる配列を UniProt から検索してみよう。検索する対象の UniProt の配列は 3.1 節で取得してきたファイルであり，HMMER では圧縮したままでも検索が可能である。

```
# Enolase_Cドメインを持つと考えられる配列をUniProtから検索
% hmmsearch --cpu 4 PF00113.hmm uniprot_sprot.fasta.gz > hmmsearch_out.txt
# そのDocker版
% docker run -it -v `pwd`:/hmmer quay.io/biocontainers/hmmer:3.3.2--h87f3376_2
hmmsearch --cpu 4 /hmmer/PF00113.hmm /hmmer/uniprot_sprot.fasta.gz > hmmsearch_out.
txt

# 結果ファイルを見る
% less -S hmmsearch_out.txt
# hmmsearch :: search profile(s) against a sequence database
# HMMER 3.3.2 (Nov 2020); http://hmmer.org/
# Copyright (C) 2020 Howard Hughes Medical Institute.
# Freely distributed under the BSD open source license.
# - - - - - - - - - - - - - - - - - - - - - - - - - - - - - - - - - - - - -
# query HMM file:                  /hmmer/PF00113.hmm
# target sequence database:        /hmmer/uniprot_sprot.fasta.gz
# number of worker threads:        4
# - - - - - - - - - - - - - - - - - - - - - - - - - - - - - - - - - - - - -
```

```
Query:          Enolase_C   [M=296]
Accession:      PF00113.25
Description: Enolase, C-terminal TIM barrel domain
Scores for complete sequences (score includes all domains):
   --- full sequence ---   --- best 1 domain ---    -#dom-
    E-value  score  bias    E-value  score  bias    exp  N  Sequence
    -------  ------ -----    ------- ------ -----    ---- --  --------
   5.1e-160  536.5   0.7      7e-160  536.0   0.7    1.2  1  sp|P26301|ENO1_MAIZE
   1.9e-159  534.6   0.0     2.7e-159 534.1   0.0    1.2  1  sp|P30575|ENO1_CANAL
   5.6e-159  533.0   0.7     7.5e-159 532.6   0.7    1.1  1  sp|Q43130|ENO_MESCR
   1.3e-158  531.9   1.7     1.6e-158 531.6   1.7    1.1  1  sp|Q42971|ENO_ORYSJ
   2.3e-158  531.0   0.9     2.9e-158 530.7   0.9    1.1  1  sp|P26300|ENO_SOLLC


 (中略)


Domain annotation for each sequence (and alignments):
>> sp|P26301|ENO1_MAIZE  Enolase 1 OS=Zea mays OX=4577 GN=ENO1 PE=2 SV=1
   #     score  bias  c-Evalue  i-Evalue hmmfrom  hmm to    alifrom  ali to    envfrom
 ---    ------ ----- --------- --------- ------- -------    ------- -------    -------
   1 !  536.0   0.7  1.1e-162    7e-160       2     294 ..     149     441 ..      148


  Alignments for each domain:
  == domain 1  score: 536.0 bits;  conditional E-value: 1.1e-162
                              -EE-EE-EEEEE-GGGSSS--SSEEEEE-TT-
           Enolase_C     2 lvlPvPalnvlnGGshadnklalqefmilPvgassfkealrlGaevyhklksvlkkky
                           lvlPvPa+nv+nGGsha+nkla+qefmilP+gassfkea+++G+evyh+lks++kkky
  sp|P26301|ENO1_MAIZE 149 LVLPVPAFNVINGGSHAGNKLAMQEFMILPTGASSFKEAMKMGVEVYHNLKSIIKKKY
                           69***********************************************************


                              HHCT-TCTBEEEEE--GGGCEETCTTEEECTTTTTT--
           Enolase_C    91 ekaGykgkvkialdvassefykekdkkydldfkeeesdkskkltseeladlyeelvkk
                           ekaGy+gkv i++dva+sef+ ekdk+ydl+fkee++d
  sp|P26301|ENO1_MAIZE 238 EKAGYTGKVVIGMDVAASEFFGEKDKTYDLNFKEENNDGSNKISGDSLKDLYKSFVSE
 (以下略)
```

出力結果は，まず query が何であったか（この場合，Enolase_C）などの情報が書かれ，その次にヒットのあった配列がその E-value とともにリストされる。そのあとに，HMM プロファイルとそれぞれのヒットとのアラインメントが表示される，というのがデフォルトの出力結果で，BLAST のデフォルトの出力と似ている。

　この例では，**PF00113.hmm** の HMM ファイルを使って，**uniprot_sprot.fasta.gz** のアミノ酸配列 DB に対して検索を行っている。検索対象の FASTA ファイルは **gzip** 圧縮されているがそのまま検索でき，index も事

前に作成する必要はない。また，オプション `--cpu 4` は検索時に使う CPU の数を指定しているもので，この場合 4 を指定している。`hmmsearch` では，Enolase_C のプロファイルと似た領域が DB から検索され，より適合度の高いものから順にリストアップされる。リストの後には HMM プロファイルと DB 中のそれぞれのヒット配列とのアラインメントが表示される。

公共 DB に登録されたトランスクリプトームアセンブリを翻訳した アミノ酸配列セットに対する検索例

しかしながら，実際の研究においては，検索対象 DB を UniProt にすることはないだろう。というのも，すでに UniProt に登録されたタンパク質に対してはすでにさまざまなドメイン解析がなされ，その結果が UniProt 中にアノテーションとして書かれているからである。むしろ，アノテーションされていない配列セット，例えばメタゲノムやトランスクリプトームアセンブリの塩基配列から翻訳して得られたアミノ酸配列セットに対して検索することが行われている。

自らのデータがなくても，それらのデータは公共 DB に登録されているものが多数ある。特に，トランスクリプトームアセンブリは，Transcriptome Shotgun Assembly（TSA）という名前で DDBJ/ENA/GenBank で DB 化されており，そのデータを自由に利用できる（`https://www.ddbj.nig.ac.jp/ddbj/tsa.html`）。TSA からデータを取得し，オープンリーディングフレーム（Open Reading Frames：ORFs）を予測し翻訳されたアミノ酸配列に対して `hmmsearch` する手順を以下に紹介する。

NCBI の Sequence Set Browser（`https://www.ncbi.nlm.nih.gov/Traces/wgs/?view=TSA`）を使って，TSA のデータを検索できる（図 3.19）。

ここでは，トビイロウンカ（*Nilaparvata lugens*）のデータを使って説明する。

トビイロウンカ（*Nilaparvata lugens*）TSA データ公開

`https://www.ddbj.nig.ac.jp/news/ja/2017-12-18.html`

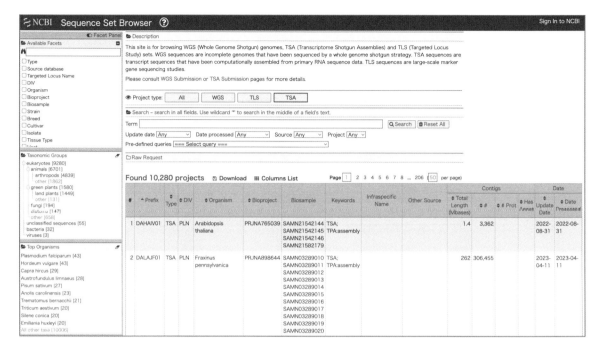

図3.19　NCBI Sequence Set Browser　TSAのみならず，Whole Genome Shotgun (WGS) のデータもここから探すことができる。左のTaxonomic Groupsからや，Termから絞りこんで検索することができる。

このトビイロウンカの TSA アクセッション番号は IACV からはじまることが上記 URL の DDBJ ニュースから確認できるので，それを Term に入力して検索する。すると 1 件だけヒットしてくるので，そのエントリの詳細を調べる（図 3.20）。

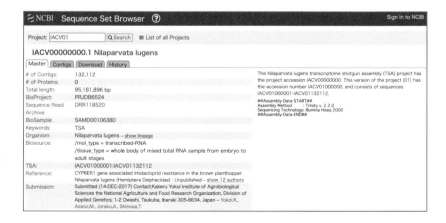

図3.20　TSAデータの詳細画面　このデータにまつわるさまざまな情報がこの画面で閲覧できる。

　Download タブから，アセンブルされた配列データ（FASTA 形式）をダウンロードする。リンク先の URL をコピーして **curl** で直接ダウンロードする。

```
# curlでダウンロード
% curl -O ftp://ftp.ncbi.nlm.nih.gov/sra/wgs_aux/IA/CV/IACV01/IACV01.1.fsa_
nt.gz
# 中身を確認
% pigz -dc IACV01.1.fsa_nt.gz | less
>IACV01000001.1 TSA: Nilaparvata lugens RNA, comp59293_c0_seq1, transcribed
RNA sequence
TATAGCAGTTAATTTAGGATGAGGTTTTCAGAATATCAAGTTGGCAAATAACAGCTTAGCATGTAAACTT
TAGAGGTCTAACAAAATAGTGGATACCCCTGTTATGTAATTCGTTCAACATTCACAATAATACATTAGGC
TTATAAGTATGCTTTGCACGCATTGTTGGCAGCGGAACTCTTCATTCCTTTCTCCTGGATCAGAATACCC
AAGTCCTACTTCTCCTTCATAGGGTGTAGAATAACTACATTCATTACGGTATTTAAAAGGCCAAGTTGGA
AATGACAACCGTTCA
>IACV01000002.1 TSA: Nilaparvata lugens RNA, comp59150_c0_seq1, transcribed
RNA sequence
GGAAGGATCAGTGTCACAGGTCATGAGTACTCTCACTTATTCTCTAAAAAAAGCCATTTTCCAATAGATT
TTTGCTGGACAGAAAAGGATTCAATTCCTTATTCCAAAACACTTTCTCATGGCAATACGATCTGCGGAA
AAATAAAACTGGATATAAAAAACCTGTTTCTCCTTCCATTTAGATATATGACATATGACTCGAGATTTCT
GCTCC
>IACV01000003.1 TSA: Nilaparvata lugens RNA, comp58157_c0_seq1, transcribed
RNA sequence
GCACCTTTTACTTACAATTTCATTATTTTGTGACAGAACAAAATATTGTGTAAGCCTGATAAGAGTTTGT
TAGTCTTATAGAATATGCAGCGATAATCATTGTTGTAATGAGATAATTAACAAAATATGCAAAATCGTAA
ATTTTCAAGTTTGAATGTAATCAATTTGATAATTAAATGTTAAACCAGTATTTTTATCAATTCATCTTTC
AAGGAAGTCAACTTTCAAGTCAGAATACCAAGTCTCCTGATAGTTTGCAATGTAGTCGAATCTAATAAAT
GAGGATTTTTATTCTCGCTGAACC
（以下略）
```

　IACV01.1.fsa_nt.gz という名前の FASTA ファイルが得られる。これは見ての通り塩基配列データで，**hmmsearch** を実行するにはアミノ酸配列に翻訳する必要がある。そこで，それをやってくれる TransDecoder を使って，タンパク質コード配列を予測する。まずは，インストールから[*]。

```
# Biocondaでtransdecoderをインストール
% conda install transdecoder
```

　実行は以下のように 2 段階で行う。いずれの場合も多くのログが画面上にも表示されるが，ここでは表示例は省略している。

[*] 執筆時点では, TransDecoder は Apple silicon Mac では Bioconda を使ってインストールできないので Homebrew を使ってインストールした。
```
% brew install transdecoder
```

```
# コード領域を探索
% TransDecoder.LongOrfs -t IACV01.1.fsa_nt.gz
# コード領域を選抜
% TransDecoder.Predict -t IACV01.1.fsa_nt.gz
# できたファイルを確認
% ls -lt
total 20506580
drwxr-xr-x   14 bono staff        448  4 27 14:03 IACV01.1.fsa_nt.transdecoder_
dir.__checkpoints/
-rw-r--r--    1 bono staff   43914467  4 27 14:03 IACV01.1.fsa_nt.transdecoder.cds
-rw-r--r--    1 bono staff       2673  4 27 14:03 pipeliner.87888.cmds
-rw-r--r--    1 bono staff   17904553  4 27 14:03 IACV01.1.fsa_nt.transdecoder.pep
-rw-r--r--    1 bono staff    5601387  4 27 14:02 IACV01.1.fsa_nt.transdecoder.bed
-rw-r--r--    1 bono staff   24161243  4 27 14:02 IACV01.1.fsa_nt.transdecoder.gff3
drwxr-xr-x   33 bono staff       1056  4 27 14:02 IACV01.1.fsa_nt.transdecoder_dir/
-rw-r--r--    1 bono staff       2622  4 27 14:02 pipeliner.10625.cmds
drwxr-xr-x    4 bono staff        128  4 27 13:52 IACV01.1.fsa_nt.transdecoder_
dir.__checkpoints_longorfs/
（以下略）
```

　　　　　　　　IACV01.1.fsa_nt.transdecoder.pep という名前のファイルに，予測
されたアミノ酸配列が出力されている。

```
# アミノ酸配列数を調べる
% grep ^\> IACV01.1.fsa_nt.transdecoder.pep | wc -l
37917
# 実際の中身を確認
% less IACV01.1.fsa_nt.transdecoder.pep
>IACV01000035.1.p1 GENE.IACV01000035.1~~IACV01000035.1.p1  ORF type:5prime_partial
len:122 (+),score=43.87 IACV01000035.1:1-366(+)
TKTLWVTKVEKFIDYRVTATLEVKNCVPSEFKFPQCQKIHHPPAPHPHPQPHLHPHPPTR
PHKPTSYRPPQHQGNVHYEVPYHDEEPTAEQPAEATHDQKDEKQWVEPNLQPIVDDVFYK
V*
>IACV01000039.1.p1 GENE.IACV01000039.1~~IACV01000039.1.p1  ORF type:internal
len:110 (+),score=30.88 IACV01000039.1:1-327(+)
PECLDGALTEALAERFDNEPEDMDVDTIHAEVEKVIVGLSASRWAPEGDLGTAPPPASKP
PPKPSPSAQSAGDTAPQPLGSRFQILADVGETAQDPPPQPTQRKIAPTR
>IACV01000055.1.p1 GENE.IACV01000055.1~~IACV01000055.1.p1  ORF type:internal
len:105 (-),score=24.26 IACV01000055.1:2-313(-)
GCAPASALSPEAWPSGLSYKNIGKGNMFPQQHRHCPQPLLLAIRVEHTSLDNGDIVDGAV
IGGGGHESHALDGGEASLDPAKDGVLAVKPWSRSESDEELGAVC
（以下略）
```

　見ての通り，アミノ酸配列の ID はもとの塩基配列の ID と**同一ではなく**，塩基配列の ID に **.p1** などが付与された形になっている（例：**IACV01000035.1.p1**）。一つの転写配列から複数のタンパク質配列が予測されると，**.p2**，**.p3** という具合に増えていく。データ統合解析の際に必要なこれらのデータの扱い方は，3.6 節で説明する。

　そして，TransDecoder から出力された配列に対して **hmmsearch** で検索する。

```
# Enolase_Cドメインを持つと考えられる配列をTransDecoderの結果得たタンパク質配列から検索
% hmmsearch --cpu 4 Enolase_C.hmm IACV01.1.fsa_nt.transdecoder.pep >
hmmsearch_out2.txt
# そのDocker版
% docker run -it -v `pwd`:/hmmer quay.iobiocontainers/hmmer:3.3.2--h87f3376_2
hmmsearch --cpu 4 /hmmer/PF00113.hmm /hmmer/IACV01.1.fsa_nt.transdecoder.
pep > hmmsearch_out2.txt

# 結果ファイルを見る
% less -S hmmsearch_out2.txt
# hmmsearch :: search profile(s) against a sequence database
# HMMER 3.3.2 (Nov 2020); http://hmmer.org/
# Copyright (C) 2020 Howard Hughes Medical Institute.
# Freely distributed under the BSD open source license.
# - - - - - - - - - - - - - - - - - - - - - - - - - - - - - - - - - - -
# query HMM file:                   /hmmer/PF00113.hmm
# target sequence database:         /hmmer/IACV01.1.fsa_nt.transdecoder.pep
# number of worker threads:         4
# - - - - - - - - - - - - - - - - - - - - - - - - - - - - - - - - - - -


Query:       Enolase_C  [M=296]
Accession:   PF00113.25
Description: Enolase, C-terminal TIM barrel domain
Scores for complete sequences (score includes all domains):
   --- full sequence ---   --- best 1 domain ---    -#dom-
   E-value  score  bias    E-value  score  bias     exp  N  Sequence
   -------  ------ -----    -------  ------ -----    ---- --  --------
    3e-91   306.8   0.0     3.3e-91  306.7   0.0     1.0  1   IACV01121558.1.p2
    3e-91   306.8   0.0     3.3e-91  306.7   0.0     1.0  1   IACV01121559.1.p2
```

```
    5.8e-80    269.8    0.1       6.4e-80    269.6    0.1       1.0    1    IACV01093882.1.p2
    5.5e-65    220.6    0.2       7.5e-65    220.2    0.2       1.2    1    IACV01087655.1.p1
      2e-47    163.0    1.3       2.2e-47    162.8    1.3       1.0    1    IACV01121563.1.p1
（以下略）
```

すると，トビイロウンカの TSA にコードされた Enolase をコードしていると思われる配列がリストアップされる。

　Enolase は，N 末端側のドメインも Pfam に登録されている（PF03952，これを **Enolase_N** と以後呼ぶ）。**Enolase_C** でヒットのあったタンパク質にこの N 末端側のドメインもあるかをチェックすることで，より Enolase として機能するかどうかの指標とすることができる。もちろん，**Enolase_N** の HMM プロファイルを取得して同様に **hmmsearch** する方法もあるが，それ以外のドメインをもっているか，など気になる。それを一気にやってしまうやり方が次に紹介する **hmmscan** である。

タンパク質ドメインを検索

　hmmsearch は特定のドメインをもつ配列をタンパク質配列 DB から検索するコマンドであった。逆に，興味あるタンパク質配列がもつすべてのドメイン情報を知りたいこともあるだろう。

　それを実現するコマンドが本節で紹介する **hmmscan** である。**hmmscan** も HMMER パッケージに含まれるコマンドのため，HMMER をインストールしてあれば，すでにインストールされている。

　hmmscan を実行するためには，ドメイン情報の DB が手もとに必要となるので，Pfam の HMM プロファイル全体をダウンロードする。ダウンロードできたら，**hmmpress** で index を作成する。

```
# Pfam-A.hmm.gzをファイル取得
% curl -O ftp://ftp.ebi.ac.uk/pub/databases/Pfam/current_release/Pfam-A.hmm.gz
# 圧縮展開
% pigz -d Pfam-A.hmm.gz
# index作成
```

```
% hmmpress Pfam-A.hmm
# index作成（Docker版）
% docker run -it -v `pwd`:/hmmer quay.io/biocontainers/hmmer:3.3.2--h87f3376_2
hmmpress /hmmer/Pfam-A.hmm.gz
Working...    done.
Pressed and indexed 19632 HMMs (19632 names and 19632 accessions).
Models pressed into binary file:   Pfam-A.hmm.h3m
SSI index for binary model file:   Pfam-A.hmm.h3i
Profiles (MSV part) pressed into:  Pfam-A.hmm.h3f
Profiles (remainder) pressed into: Pfam-A.hmm.h3p
```

Enolase_C でヒットのあったエントリ IACV01087655.1.p1 を
IACV01.1.fsa_nt.transdecoder.pep から切り出して，
IACV01087655.1.p1.fa というファイルで保存する。そのファイルを質問
配列として hmmscan を実行し，Enolase_C 以外に含まれるドメインがない
か調べよう。

```
# hmmscan実行
% hmmscan -o hmmscan-IACV01087655.1.p1.txt --cpu 4 -E 1e-10 Pfam-A.hmm
IACV01087655.1.p1.fa
# Docker版のhmmscan実行
% docker run -it -v `pwd`:/hmmer quay.io/biocontainers/hmmer:3.3.2--h87f3376_2
hmmscan -o /hmmer/hmmscan-IACV01087655.1.p1.txt --cpu 4 -E 1e-10 /hmmer/Pfam-A.
hmm /hmmer/IACV01087655.1.p1.fa
# 出力結果確認
% less hmmscan-IACV01087655.1.p1.txt
# hmmscan :: search sequence(s) against a profile database
# HMMER 3.3.2 (Nov 2020); http://hmmer.org/
# Copyright (C) 2020 Howard Hughes Medical Institute.
# Freely distributed under the BSD open source license.
# - - - - - - - - - - - - - - - - - - - - - - - - - - - - - - - - - - - -
# query sequence file:             /hmmer/IACV01087655.1.p1.fa
# target HMM database:             /hmmer/Pfam-A.hmm
# output directed to file:         /hmmer/hmmscan-IACV01087655.1.p1.txt
# profile reporting threshold:     E-value <= 1e-10
# number of worker threads:        4
# - - - - - - - - - - - - - - - - - - - - - - - - - - - - - - - - - - - -
```

```
Query:          IACV01087655.1.p1  [L=272]
Description: GENE.IACV01087655.1~~IACV01087655.1.p1  ORF type:3prime_partial
len:273 (-),score=63.15 IACV01087655.1:1-816(-)
Scores for complete sequence (score includes all domains):
   --- full sequence ---   --- best 1 domain ---   -#dom-
    E-value  score  bias    E-value  score  bias    exp  N  Model       Description
    -------  -----  -----   -------  -----  -----   ---- --  --------    -----------
    2.9e-65  220.6  0.2     3.9e-65  220.2  0.2     1.2  1  Enolase_C   Enolase,
C-terminal TIM barrel domain
    1.1e-57  193.9  0.1     1.8e-57  193.3  0.1     1.3  1  Enolase_N   Enolase,
N-terminal domain


Domain annotation for each model (and alignments):
>> Enolase_C  Enolase, C-terminal TIM barrel domain
   #     score  bias  c-Evalue  i-Evalue  hmmfrom   hmm to    alifrom  ali to
envfrom   env to     acc
  ---   ------ ----- --------- --------- ------- -------    ------- -------    ---
---- -------    ----
   1 !   220.2   0.2     4e-69   3.9e-65       2    130 ..     144     272 .]
143     272 .] 0.99

  Alignments for each domain:
  == domain 1  score: 220.2 bits;  conditional E-value: 4e-69
                         -EE-EE-EEEEE-GGGSSSS--SSEEEEE-TT-
SSHHHHHHHHHHHHHHHHHHHHHHHCC-GGGG-B-TTS-B----SSHHHHHHHHHHHHHHHHC CS
          Enolase_C   2 lvlPvPalnvlnGGshadnklalqefmilPvgassfkealrlGaevyhklksvlkkk
ygqsatnvGdeGGfaPdlqsnkealdliveaieka 93
                        +vlPvP++nvlnGGsha+++la+qefmi+P++a++f+ea+r+Gaevy++lks++kkk
ygqsa+nvGdeGG+aPd+q+++ealdli+eaieka
  IACV01087655.1.p1 144 YVLPVPFMNVLNGGSHAGGRLAFQEFMIVPSEAPTFSEAMRQGAEVYQQLKSLAKKK
YGQSAGNVGDEGGVAPDIQTAAEALDLITEAIEKA 235
                        89****************************************************************
********************************* PP
```

（中略）

```
>> Enolase_N  Enolase, N-terminal domain
   #     score  bias  c-Evalue  i-Evalue  hmmfrom   hmm to    alifrom  ali to
envfrom   env to     acc
  ---   ------ ----- --------- --------- ------- -------    ------- -------    ---
---- -------    ----
   1 !   193.3   0.1   1.8e-61   1.8e-57       1    131 []      3     134 ..
3     134 .. 0.98
```

（以下略）

　出力結果には **Enolase_C** はもちろん，**Enolase_N** もヒットがあったことが記載されている。つまり，この配列は Enolase にある N 末端と C 末端の両方のドメインを有していることがわかる。

　タンパク質がどのようなドメインの組み合わせを持つのかを**ドメイン構成**（domain architecture）と呼び，InterPro のウェブサイトには特定のドメイン構成をもつ公共 DB 中のタンパク質が検索できる（図 3.21）。注目してい

図 3.21 　**Enolase_N** と **Enolase_C** の両方をもつ公共 DB 中のタンパク質のドメイン構成　InterPro の検索には by sequence と by text 以外に by domain architecture があり，指定したドメイン構成をもつタンパク質配列を検索することができる。その際に使うタンパク質ドメインのデータベースとして，InterPro か Pfam かを選択できる。

るドメイン構成をもつタンパク質が，どういった生物種に存在するのか，簡単に調べられるのは非常に便利である。

検索結果の可視化

上記の `hmmscan` による検索で，タンパク質のドメイン構成がわかるわけだが，それらの結果であるタンパク質ドメインの構造はグラフィカルに可視化されていたほうがなおわかりやすいだろう。検索されたドメイン構造を可視化する手段として，DoMosaics というプログラムがある（`https://domainworld.uni-muenster.de/developing/domosaics/`）。もちろん，ある生物がもつすべてのタンパク質配列を一度に可視化しても，それを見る人間のほうが大変なので，`hmmsearch` で興味あるドメインをもつタンパク質に絞って可視化するのがよかろう。DoMosaics の詳細に関しては，統合 TV を参照してほしい（参照）。

 統合 TV
「DoMosaics を使ってドメイン構造と系統樹を可視化する」
`https://doi.org/10.7875/togotv.2021.045`

タンパク質ドメインから立体構造へ

これまでに決定されたタンパク質立体構造はデータベース化され，Protein Data Bank（PDB）におさめられている。大阪大学蛋白質研究所の Protein Data Bank Japan（PDBj）が作成維持管理しているウェブインターフェース（`https://pdbj.org/`）から簡単に探すことができる。2023 年 5 月の執筆時点で約 20 万エントリ（`https://pdbj.org/pdbj-update`）と，立体構造が決定されているタンパク質の種類も多くなり，また AlphaFold2 などのタンパク質立体構造予測ツールによって予測されたデータも利用可能となっているので，チェックしてみる価値はあるだろう。3.3 節で紹介した多重配列アラインメントで気になるギャップや保存性の高いところ，また本節で見出したタンパク質ドメインの領域に関しては，立体構造上でどうなっているかをぜひ調べてみるべきである。それを可能とするツールとして，オープンソースの分子グラフィックスツールである PyMol を PC に導入して，立体構造を調べる手順を簡単に説明する。

Apple silicon Mac の場合は Homebrew，それ以外の場合は Anaconda を使って PyMol をインストールする。

```
#  HomebrewでPyMolをインストール
%  brew install pymol
#  AnacondaでPyMolをインストール
%  conda install -c conga-forge pymol
#  PyMol起動
%  pymol
```

　File メニュー中の GET PDB から ID を入力すればその立体構造を描画することができる。UniProtKB の Human の HIF1A のエントリには，AlphaFold による予測立体構造も含めて PDB に登録されているさまざまな HIF1A の立体構造データがまとめられている（図 3.22，`https://www.uniprot.org/uniprot/Q16665#structure`）。

　その中から，PDB ID として **1L3E** を選んで描画してみたのが図 3.23 である。

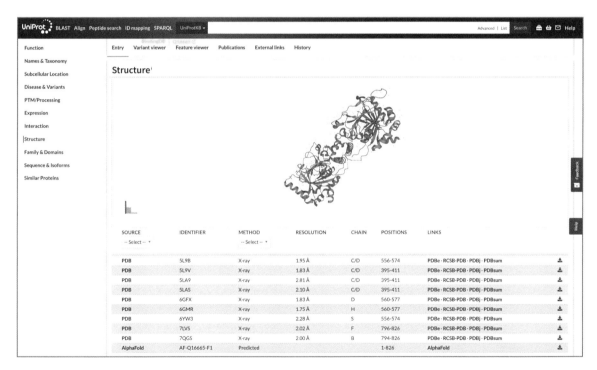

図3.22　**UniProtKBの HumanのHIF1Aのエントリにまとめられた立体構造情報** HIF1Aの立体構造データとして複数のPDBデータがまとめられている。

　Display メニューから Sequence を選ぶとこの図のようにタンパク質一次配列が表示される。さらに構造をクリックするとその場所のアミノ酸が選択され，その配列中のどこであったかがハイライトされる。この機能を利用することで，立体構造中の気になる部分が多重配列アラインメント中のどこに相当するか，そこが保存されている場所（酵素の場合，触媒機能に重要なところ）であるかどうかなどを知ることができる。

(a)

(b)

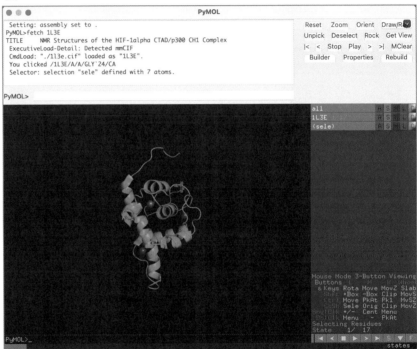

図3.23　PyMolによる立体構造座標情報の可視化 PyMolをコマンドラインから起動後，(a) File メニューからGET PDB を選択し1L3Eを入力して，(b) 可視化。立体構造中の任意の場所をクリックするとその場所の情報が表示される。

3.5 トランスクリプトーム解析

　発現しているすべての mRNA の量を測定する試みは，トランスクリプトーム（transcriptome）解析と呼ばれ，マイクロアレイ（microarray）によって 1990 年代より行われてきた。マイクロアレイは，ノーザンブロッティング（northern blotting）をミニチュア化し，並列化した実験手法であり，ハイブリダイゼーション（hybridization）によりサンプルに存在していた mRNA の量を多数の遺伝子について一度に測定しようとするものである。

　現在は次世代シークエンサーによる配列解読のハイスループット化により，RNA-seq による発現定量が一般化している。そこで本節では，それらの発現定量されたデータの解析に関して，おもに RNA-seq データ解析を中心にその実際を紹介する。

■ RNA-seq データ解析手法

　RNA-seq によって得られたデータ解析の手法は，対象とする生物のゲノム配列が解読され，ゲノムやトランスクリプトーム配列情報があるかどうかによって大きく 2 種類に分かれる。ヒトやマウスをはじめとした多くのモデル生物のように，リファレンスとなるゲノム配列（やトランスクリプトーム配列）がある場合（reference genome-based）には，配列情報を利用した解析手法（それらの配列にマッピングする）となる。他方，ゲノム配列が解読されていない場合（reference genome-free）には，RNA-seq によって解読した transcript の配列を先験的な知識なしにつなぎ合わせる（*de novo* assembly）データ解析が行われることになる（図 3.24）。

■ リファレンス配列情報を利用した RNA-seq データ解析手法

　まず，リファレンスとなるゲノム配列やトランスクリプトーム配列情報を利用する RNA-seq データ解析から説明する。かつては，解読された RNA 配列をゲノム配列にマッピングする方法（genome mapping）が主流であった（「3.1　ゲノム配列解析の初歩」のゲノムマッピング参照）。その方法の実装として，TopHat によるスプライシングを考慮したゲノムマッピングと，その結果をアセンブルする Cufflinks といったプログラムで計算する手法が行

　遺伝子発現の解析については，『Dr. Bono の生命科学データ解析第 2 版』の p.176「5.2 遺伝子発現解析」も参照。

図3.24　RNA-seqデータ解析手法　NGSから，もしくはSequence Read Archive（SRA）から得られたRNA-seqデータには，その生物種のリファレンス配列情報が利用できるかどうかによって，大きく2種類のデータ解析手法に分けられる。

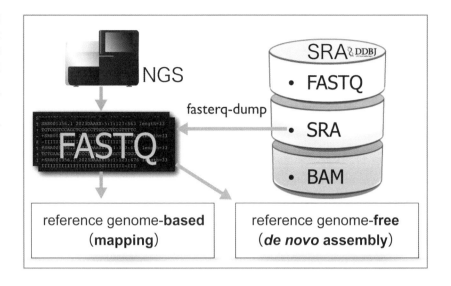

われてきたが，最近ではそれぞれの後継ソフトウェアが開発され，HISAT2とStringTieでそれが計算できるようになっている。

　また，より高速な発現定量データ解析手法として，発現定量を主眼とした，ゲノムにアラインメントしない方法（alignment-free）が広く用いられている。この方法では，これまでに知られたすべてのtranscript配列，すなわちトランスクリプトーム配列を使って，そのどれに解読した配列が相当するかをカウントするものである。

　これらの方法の特徴と実装に関して，表3.2にまとめた。発現定量解析の例として広まってきた後者の，ゲノムにアラインメントしない方法を紹介する。

表3.2　ゲノムが決定されている生物のRNA-seqデータ解析手法

手法	特徴	実装
genome mapping	ゲノムにマッピングするため，新規のtranscriptをみつけられる可能性があるが，その分データ解析に時間がかかる	TopHat + Cufflinks, HISAT2 + StringTie, RSEM + STAR
alignment-free	これまで知られているトランスクリプトーム配列と照合して各遺伝子の発現値を計算する。非常に高速であるが，新規のtranscriptは発見できない	kallisto, salmon

発現定量解析の実際

ゲノムにアラインメントしない方法の発現定量解析に用いられるプログラムには，kallisto[1] と salmon[2] がある。

1) Bray NL et al., *Nat Biotechnol.* 34, 525 (2016)
2) Patro R et al., *Nat Methods.* 14, 417 (2017)

どちらがいいということは現時点では言えない。しかしながら，salmon のほうが若干速いという第三者によるベンチマーク結果が出ており（Ohta T et al. *GigaScience*, `https://doi.org/10.1093/gigascience/giz052`），本書では salmon で解析する方法を紹介する。

salmon は Bioconda で簡単にインストールできる*。執筆時点では，salmon は Apple silicon mac では Bioconda や Homebrew を使ってインストールできない。そこで，salmon に関しては Docker で動かすコマンドラインも併記する。使用した salmon のバージョンは執筆時最新版の 1.10.1 であるが，Bioconda でインストールした際に別のバージョンがインストールされていたりしないか，先に進む前にインストールされた salmon のバージョンを確認した方が良い。

Bioconda をずっと使っていると，指定したバージョンのプログラム（ここでは salmon の 1.10.1）がインストールできないといったトラブルが発生することがある。その場合には miniconda を一度アンインストールして，再度インストールすることをお勧めする。具体的にはホームディレクトリにある miniconda3 ディレクトリ以下を一旦消去し，再度 miniconda をインストールすれば良い。

```
# condaでsalmonをインストール
% conda install salmon=1.10.1
# salmonを引数なしで起動（Docker版）
% docker run -it -v `pwd`:/salmon combinelab/salmon:1.10.1 salmon
# もしくはBiocondaでインストールできたら以下のコマンド
% salmon
salmon v1.10.1

Usage:  salmon -h|--help or
        salmon -v|--version or
        salmon -c|--cite or
        salmon [--no-version-check] <COMMAND> [-h | options]

Commands:
    index Create a salmon index
    quant Quantify a sample
    alevin single cell analysis
    swim  Perform super-secret operation
    quantmerge Merge multiple quantifications into a single file
```

　他のツール同様，引数なしで実行した際に「プログラムが見つからない」というエラーメッセージではなく使い方が表示されたら，インストールされているということである。

query配列の取得とその処理

なお，この2つのデータは3.1節の「コマンドラインでのSRAからのデータ取得」においてダウンロードの例に入っている。

　salmonによる発現定量解析の例として，低酸素状態のヒトのCell line，RCC4-EV（**DRR100656**）と，低酸素状態をレスキューしたRCC4-VHL（**DRR100657**）のRNA-seqデータを用いる＊。下記のコマンドで配列情報を取得する。

```
# DRR100656のSRAファイルをDDBJのFTPサイトから取得
% curl -O ftp://ftp.ddbj.nig.ac.jp/ddbj_database/dra/sra/ByExp/sra/DRX/
DRX094/DRX094089/DRR100656/DRR100656.sra
# DRR100657のSRAファイルをDDBJのFTPサイトから取得
% curl -O ftp://ftp.ddbj.nig.ac.jp/ddbj_database/dra/sra/ByExp/sra/DRX/
DRX094/DRX094090/DRR100657/DRR100657.sra
```

　取得したファイルは，SRA用に圧縮されたSRA形式のファイルである。これを **fasterq-dump** を使ってFASTQファイルを生成する（3.1節参照）。

```
# SRA Toolkitのインストール＊
% conda install sra-tools
# 取得してきたSRAファイルの展開
% fasterq-dump DRR100656.sra
% fasterq-dump DRR100657.sra
# できたファイルをチェック
% ls -l
-rw-r--r-- 1 bono staff 8210848696  2  2 22:03 DRR100656.sra_1.fastq
-rw-r--r-- 1 bono staff 8210848696  2  2 22:03 DRR100656.sra_2.fastq
-rw-r--r-- 1 bono staff 8215871450  2  2 22:10 DRR100657.sra_1.fastq
-rw-r--r-- 1 bono staff 8215871450  2  2 22:10 DRR100657.sra_2.fastq
```

Apple silicon Macの場合は，Homebrewを使ってインストールする。詳しくは3.1節参照。

これらは，ペアエンド（paired-end）＊リードのため，1 run につき，2つのファイルが生成される。ペアエンド以外にシングルの場合もあるが，**fasterq-dump** はそれを自動で認識して展開してくれる。

DNA断片の両端の配列を読み取る方法のこと。

また，FASTQ はそのままだとテキストファイルで，ファイルサイズが大きいため，**gzip** 圧縮しておく。並列化処理で **gzip** 圧縮してくれる **pigz** コマンドを用いると効率よく圧縮してくれる。

⮕⮕ ペアエンド，シングルリードについては，『Dr. Bono の生命科学データ解析第2版』のp.108のコラムも参照。

```
# 今いるディレクトリにある.fastqで終わるファイルを全てgzip圧縮
% pigz *.fastq
# 圧縮されたファイルをチェック
% ls -l
-rw-r--r--  1 bono staff 1580318335  2  2 22:03 DRR100656_1.fastq.gz
-rw-r--r--  1 bono staff 1597294028  2  2 22:03 DRR100656_2.fastq.gz
-rw-r--r--  1 bono staff 1533053895  2  2 22:10 DRR100657_1.fastq.gz
-rw-r--r--  1 bono staff 1565040147  2  2 22:10 DRR100657_2.fastq.gz
```

並列版 **gzip** の **pigz** を使ってもすぐには終わらず，それなりに時間がかかる。しかしながら，上の圧縮前のファイルサイズと比較してわかる通り，約 1/5 になっている。ディスクスペースは有限なので，このようにこまめにファイル圧縮を行っておくことがデータ解析においては必須である。

トランスクリプトーム配列の取得とそのindex作成

ゲノムにアラインメントしない方法の発現定量解析では，参照ゲノム配列代わりにリファレンスとするトランスクリプトーム配列を使用する。そのトランスクリプトーム配列として，GENCODE のヒト transcript sequence を GENCODE-Human のページ（https://www.gencodegenes.org/human/）より取得する。

Dr. Bono から

原稿執筆開始時にはGENCODEのバージョンは最新が43であった。本書を読んでいる時点ではさらに新しいバージョンが出ている可能性が大きい。可能な限り新しいバージョンを使うように読み替えてほしい。

```
# ヒトcDNA配列セットをGENCODEから取得
% curl -O https://ftp.ebi.ac.uk/pub/databases/gencode/
Gencode_human/release_43/gencode.v43.transcripts.fa.gz
```

> **コラム**
>
> ## 並列版圧縮プログラム
>
> 　本文でも触れたように，**gzip** よりも **pigz** を使うことを推奨する。これらの使用に関しては，「2.2 コマンドラインの基本操作」でも言及したが，ここでそれらのコマンドのインストールと使用法について詳しく述べる。
>
> ```
> # pigzのインストール
> % conda install pigz
> # pigzによるファイル圧縮
> % pigz DRR100656_1.fastq
> ```
>
> 　処理が自動的に並列化され，データ解析の実時間での処理時間が大変短くなる。というのは，特にNGSデータ解析において律速となるのはこの種のファイル出入力で，扱うファイルサイズが大きいために時間がかかっているステップが実に多いからだ。特に，データ量が大きく，塩基配列という文字の種類が少ないFASTQファイルの場合は，その恩恵が大きい。ファイルを圧縮したほうがファイルスペースの節約にもなる。ファイル圧縮と展開に時間がかかるため，そのままにしがちであるが，並列化された圧縮プログラムを徹底して使うようにすべきだろう。

　取得した配列は **gzip** 圧縮されたまま，検索のための index 作成が可能である。一度作成すると検索対象牛物（データセット）を変えない限り，再度作成する必要はない。

```
# salmonのためのindex作成
% time salmon index -p 8 -t gencode.v43.transcripts.
fa.gz -i human --gencode
```

```
# Docker版のsalmonのためのindex作成
% docker run -it -v `pwd`:/salmon combinelab/
salmon:1.10.1 salmon index -p 6 -t /salmon/gencode.
v43.transcripts.fa.gz -i /salmon/human --gencode
```

　オプションをいろいろと設定しないといけないので，それを説明する。**-p** で利用可能なスレッド（thread）数を指定する。また，**-t** で index を作成するデータセットを指定する。**gzip** 圧縮されているファイルを直接指定しても処理されるようである。**-i** で作成する index の名前を指定するほか，

--gencode で transcript の FASTA 形式ファイルが GENCODE のそれであ ることを指定している。

time（実はシェルコマンド）を頭につけることで実行時間を計測すること ができる。下記のように表示され，実行に 1 分 39.88 秒かかったことがわか る*。

```
10m16.625s user 0m4.547s system 621.92 cpu 1m39.880s
total
```

この数値はWindowsマシン上のWSL2の場合。Intel Macではほぼ同様の値であったが，Apple silicon MacでのDocker環境では非常に遅く，実時間で85分ほどと，長い時間がかかった。

salmonによる発現定量

準備が整ったので，いよいよ発現定量解析を行う*。

```
# DRR100656に対して発現定量
% salmon quant -l A -i human -1 DRR100656_1.fastq.gz -2 DRR100656_2.
fastq.gz -p 8 -o output/DRR100656
# Docker版のDRR100656に対して発現定量
% docker run -it -v `pwd`:/salmon combinelab/salmon:1.10.1 salmon
quant -l A -i /salmon/human -1 /salmon/DRR100656_1.fastq.gz -2 /
salmon/DRR100656_2.fastq.gz -p 6 -o /salmon/output/DRR100656
# DRR100657に対して発現定量
% salmon quant -l A -i human -1 DRR100657_1.fastq.gz -2 DRR100657_2.
fastq.gz -p 8 -o output/DRR100657
# Docker版のDRR100657に対して発現定量
% docker run -it -v `pwd`:/salmon combinelab/salmon:1.10.1 salmon
quant -l A -i /salmon/human -1 /salmon/DRR100657_1.fastq.gz -2 /
salmon/DRR100657_2.fastq.gz -p 6 -o /salmon/output/DRR100657
```

ペアエンドのファイル名は **-1** と **-2** オプションで指定する。また， librarytype を **-l**（小文字のエル）で指定するが，これは自動検出の **A** を指 定すればよい。利用可能なスレッド数は **-p** で指定し，出力先のディレクトリ を **-o** オプションで指定する。

計算が終わると出力先ディレクトリにいろいろとファイルができるが，出 力先に指定したディレクトリの **quant.sf** ファイルが，発現定量したデータ が書き込まれるファイルである。

実行時間は，スレッド数に8 を指定したこともあって， Windowsマシン上の WSL2の場合それぞれ約2 分半，Intel Macの場合それ ぞれ約3分であった。また Docker版の場合，使用する CPU数が6と少ないことも あるが，仮想環境での計算 であるための影響が大きく， それぞれ約25分かかった。

```
# 出力ファイルを確認
% less output/DRR100656/quant.sf
Name                  Length   EffectiveLength   TPM         NumReads
ENST00000456328.2     1657     1488.323          0.000000    0.000
ENST00000450305.2     632      463.409           0.000000    0.000
ENST00000488147.1     1351     1182.323          14.369818   282.223
ENST00000619216.1     68       30.809            0.000000    0.000
ENST00000473358.1     712      543.381           0.000000    0.000
（以下略）
```

◁◁ TPMについては、『Dr. Bono
の生命科学データ解析第2版』の
p.180も参照。

一番左のカラムが ID で、左から4番目のカラムが TPM（transcripts per million；100万 transcript 当たりの transcript 数）という発現値となっている。

Bioconductorのパッケージを使って遺伝子ごとの発現値へ変換

このままでは transcript ごとの ID で示されているため、どれがどの遺伝子なのかはわからない。また、遺伝子ごとの発現量に変換したほうが後の解析がやりやすくなる。そこで、Bioconductor のパッケージ、tximport を使ってそれを行う（https://doi.org/10.18129/B9.bioc.tximport）。

まずは、R をインストールする必要がある。Anaconda でもインストールできるが、R のバージョンアップが頻繁なため、最新版ではないことが多い。そこで、R の本家のサイトか、そのミラー CRAN（日本なら、統計数理研究所の https://cran.ism.ac.jp/）のページにある各 OS 用のリンクから最新版（執筆時点で 4.3.0）をダウンロードしてインストールする。

続いて、Bioconductor（https://bioconductor.org）のインストールを行う。まずは R を起動する。

```
% R
R version 4.3.0 (2023-04-21) -- "Already Tomorrow"
Copyright (C) 2023 The R Foundation for Statistical Computing
Platform: aarch64-apple-darwin20 (64-bit)

R は、自由なソフトウェアであり、「完全に無保証」です。
一定の条件に従えば、自由にこれを再配布することができます。
```

配布条件の詳細に関しては、'`license()`' あるいは '`licence()`' と入力してください。

`R` は多くの貢献者による共同プロジェクトです。
詳しくは '`contributors()`' と入力してください。
また、`R` や `R` のパッケージを出版物で引用する際の形式については
'`citation()`' と入力してください。

'`demo()`' と入力すればデモをみることができます。
'`help()`' とすればオンラインヘルプが出ます。
'`help.start()`' で `HTML` ブラウザによるヘルプがみられます。
'`q()`' と入力すれば `R` を終了します。

\>

プロンプトが出たら，以下のコマンドを入力して，Bioconductor をインストールする。引き続き，tximport を実行するスクリプトで必要となる **tximport**, **readr**, **jsonlite** パッケージをインストールしておく。

```
> if (!require("BiocManager", quietly = TRUE))
    install.packages("BiocManager")
> BiocManager::install("tximport")
> BiocManager::install("readr")
> BiocManager::install("jsonlite")
```

インストールが終了したら Control キーを押しながら d を押して（Ctrl-d）終了する。
Save workspace image? [y/n/c]:
と訊かれるので，'n' を入力して ENTER を押す。

GitHub の **yyoshiaki/ikra** (https://github.com/yyoshiaki/ikra) にある **tximport_R.R** を一部改変したコード **tximport_Rm.R** を利用して複数のサンプルに対して発現マトリックスのデータ変換を行う。

```
# メタデータをGENCODEよりダウンロードしておく
% curl -O https://ftp.ebi.ac.uk/pub/databases/gencode/
Gencode_human/release_43/gencode.v43.metadata.HGNC.gz
# outputディレクトリに入る
% cd output
```

GitHub ファイル取得

このファイル**tximport_Rm.R**は，DrBonoDojo2 GitHubの3-5ディレクトリに置いてある。
https://github.com/bonohu/DrBonoDojo2/blob/master/3-5/tximport_Rm.R

実験の情報をコンマ区切りテキストで以下のように記述して，**list.csv**
として**output**ディレクトリに保存しておく。

list.csv

```
name,SRR,Layout
RCC4-EV,DRR100656,PE
RCC4-VHL,DRR100657,PE
```

その上で，以下のコマンドを実行する*。

```
# tximport実行
% Rscript tximport_Rm.R ../gencode.v43.metadata.HGNC.gz list.csv quant.tsv
# 出力確認
% less -x 20quant.tsv
                  RCC4-EV            RCC4-VHL
A1BG              3.69995261454759   0.678656566384439
A1BG-AS1          0                  0
A1CF              0                  0
A2M               0                  0
A2M-AS1           0.587337761764159  0
A2ML1             0                  0
A2ML1-AS1         0                  0
A2ML1-AS2         0                  0
A2MP1             0                  0
A3GALT2           1.39699448592555   7.03966894614614
A4GALT            113.010524500334   117.024251623075
（以下略）
```

ID が遺伝子名となり，なじみのあるデータになった。

※

lessコマンドの**-x**オプ
ションはタブ区切りデータ
のタノストップの位置を指
定するもので，'**-x20**'とす
ると，この例のようにカラ
ムの幅が20byteとなり，見
やすい表示となる。

発現差解析

単純に RCC4-EV で発現量が高いものから順にみるには，2 番目のカラム
で並び替え，値の高いものから表示されるようにすればよい。**sort** コマンド
のオプションのうち，**-k2** が 2 番目のカラムで並び替え，**-rn** が数値として
大きいものから小さいものへの並び替え，となっている。

```
# outputディレクトリにいたままで実行
# sortコマンドで発現が高いものから順に並び替える
% sort -k2 -rn quant.tsv | less -x 20
MT-ATP8              1725270.41377721    1870954.46504162
MT-CO2               866302.265387513    739106.691161041
MT-ATP6              722815.739559983    770625.196684865
MT-ND4L              554365.425463544    572256.373688662
MT-ND4               440478.264729808    415633.475114425
MT-CO3               399019.22250079     494625.881993827
TMSB10               358214.784948401    174712.474444234
MT-CO1               353225.002416568    398881.531778305
MT-ND3               267341.575269991    222640.327448781
EEF1A1               231839.881499543    188165.172068966
MT-ND2               199800.46406619     195580.82671891
MT-RNR2              176383.927641824    141584.398439669
MT-CYB               171690.264941131    179383.954691947
GAPDH                146103.602767192    94694.6831341993
MTATP6P1             101835.220354476    106119.654073146
RPL41                96030.6763409815    102373.719692081
LDHA                 91664.9853468975    23008.2992747809
（以下略）
```

RCC4-EV（低酸素状態）と RCC4-VHL（常酸素状態）を比較して，その差が大きいものから順に出力することを考える。このような解析のことを，differentially expressed genes（DEG）解析と呼ぶ。

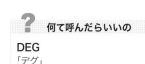

❓ 何て呼んだらいいの
DEG
「デグ」

```
# 0で割ることのないよう，一律に1を足してから，発現比を計算し，高いものから順に並べる
% awk '{ print $1"\t"($2+1)/($3+1) }' quant.tsv | sort -k2
-rn > DEG.txt
# 作成したDEGのリストを確認
% less -x 10 DEG.txt
RNU6-36P   2666.62
RNU6-33P   2666.62
CA9        1943.49
KRT81      956.669
MIR590     899.348
NDUFA4L2   748.761
RNU6-403P  721.277
RNU6-343P  721.277
RPL38P4    475.892
```

```
MIR4258    467.087
CALHM6     390.796
SNORD89    385.869
MIR200B    331.634
RNA5SP418 316.779
MIR3942    306.513
RPL23AP82 299.874
MIR635     288.016
RNVU1-7    241.173
TMSB4XP1  221.209
C5orf46    215.792
（以下略）
```

　このようにして得られた DEG のリストを使って，エンリッチメント解析（gene set enrichment analysis）を行う。その場合，第1カラムの ID だけを抽出しておくのがよいだろう。

```
# IDだけ抽出。先頭20行だけ
% cut -f 1 DEG.txt | head -20
RNU6-36P
RNU6-33P
CA9
KRT81
MIR590
NDUFA4L2
RNU6-403P
RNU6-343P
RPL38P4
MIR4258
CALHM6
SNORD89
MIR200B
RNA5SP418
MIR3942
RPL23AP82
MIR635
RNVU1-7
TMSB4XP1
C5orf46
```

> **コラム**
>
> ## 発現量0とは
>
> マイクロアレイ時代には，データ測定に起因するバックグラウンドがあるため，発現量が0ということはなかった。しかしながらRNA-seq解析においては，cDNAとして配列解読で検出できたリードの数なので，そのtranscriptが1つも検出されなかった場合には0という値が出てくる。この値は，TPMによる補正が入っても，0以上の正の値であることには変わりない。そのため，そのまま割り算したり，対数をとったりするとエラーになるので，工夫が必要である。そこで，本文で紹介したように一律に1や0.01を足して計算するといった方策がとられることが多いようである。

エンリッチメント解析に関しては，さまざまなウェブツールが開発されている。それらに関してはGUIツールのため，本書では詳しく説明しない。統合TVなどを参照されたい（参照）。

 統合 TV

「Metascapeを使って，遺伝子リストの生物学的解釈をする」
`https://doi.org/10.7875/`
`togotv.2016.135`

多数のサンプルを一気に処理する

上記の例のように，サンプル数が2つぐらいなら1つずつみても問題ない。しかしながら，複数のデータに対してほぼ同じ処理をする場合には操作も大変だし，手作業で行うことによるエラーも問題になってくる。そのときに，CLIによるデータ操作が威力を発揮する。

多数のサンプルのRNA-seqデータ解析として，15のRNA-seq RUNからなるカイコトランスクリプトームデータ（SRAのProjectID：DRP003401）を例に説明する（表3.3）。

表3.3　例として用いたカイコ5組織のRNA-seqデータのSRA登録ID（RUN）

testis	fat body	midgut	malpighian tubule	silk grand
DRR068893	DRR095105	DRR095108	DRR095111	DRR095114
DRR068894	DRR095106	DRR095109	DRR095112	DRR095115
DRR068895	DRR095107	DRR095110	DRR095113	DRR095116

5種類の組織について，それぞれ3回繰り返し（triplicate）ているので，15サンプル分のRNA-seqデータがある。

GitHub ファイル取得

これらのファイル **DRR.py**，
DRR-GET.sh は，DrBonoDojo2
GitHub の 3-5 ディレクトリに置
いてある。
`https://github.com/`
`bonohu/DrBonoDojo2/`
`blob/master/3-5/`

prefetch では，それぞれの
ID の名前のディレクトリが
作成され，その中に SRA
ファイルが .sra という拡張
子で作成されるため，以下
のようなファイル指定 (*/*.
sra) が必要となる

カイコトランスクリプトー
ム論文 (`https://doi.`
`org/10.3390/insects`
`12060519`) によると，その
配列セットは Transcriptome
Shotgun Assembly (TSA)
に ID: ICPK01 で登録したと
あるので，そこ (`https://`
`www.ncbi.nlm.gojo/`
`Traces/wgs/ICPK01`) から
一括ダウンロードが可能な
URL を得る。

　まずは関連するデータのダウンロードだが，SRA ファイルをバッチ取得す
る。そのために，まず NCBI の SRA Run Selector を使って，DRP003401
に紐づくすべての RUN の Accession アドレスが書かれたファイルを取得す
る（図 3.25, 3.26）。

　取得したファイル（デフォルトでは **SRR_Acc_List.txt** というファイル
名になっている）を使って，相当する SRA ファイルをバッチする。
　その後，SRA ファイルを FASTQ 形式に変換する。

```
# prefetch実行
% prefetch --option-file SRR_Acc_List.txt
# SRAからFASTQへの変換 ※
% for f in */*.sra; do
echo $f
fasterq-dump $f
done
% pigz *.fastq
```

　このデータ取得と FASTQ へのファイル変換は時間がかかる。その間に，
カイコのトランスクリプトームリファレンスデータを取得して，**salmon** で発
現定量するために index を作成しておく ※。

```
# リファレンスデータ取得
% curl -O https://sra-download.ncbi.nlm.nih.gov/
traces/wgs01/wgs_aux/IC/PK/ICPK01/ICPK01.1.fsa_nt.gz

# Docker版 index作成
% docker run -it -v `pwd`:/salmon combinelab/
salmon:1.10.1 salmon index -p 8 -t /salmon/
ICPK01.1.fsa_nt.gz -i /salmon/silkworm

# もしくはsalmonがシステムにインストールできている場合
% salmon index -p 8 -t ICPK01.1.fsa_nt.gz -i silkworm
```

　すべての SRA を取得し，FASTQ への変換が終了したら，**salmon quant**
をやはりバッチで実行する。そのために，以下のようなバッチスクリプト
（**run-salmon.sh**）を利用する。

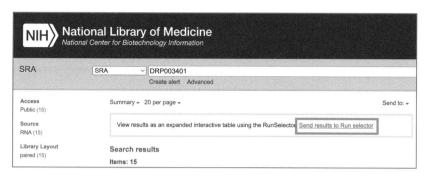

図3.25 **SRA Run selector
へのリンク生成** NCBI SRAで
'DRP003401'をキーワードに検
索すると，その検索結果の上部に
SRA Run selectorへのリンク
が表示される。

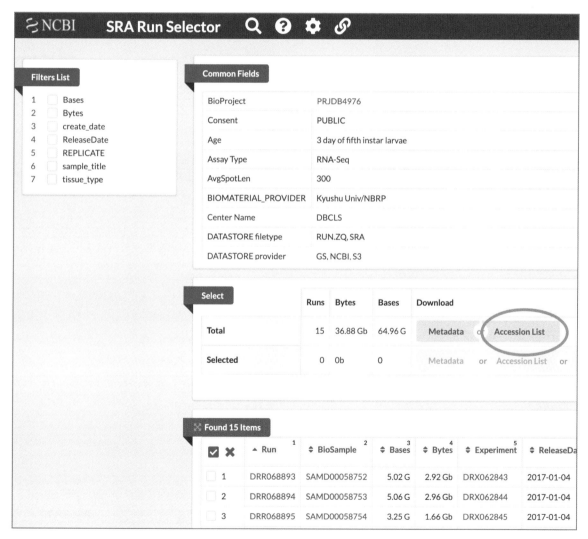

図3.26 **SRA Run selector**
SRA Run selectorのSelectにあ
る'Accession List'をクリックす
るとSRR_Acc_List.txtがダウン
ロードできる。

run-salmon.sh

```
#!/bin/bash
p=8
for drr in */*.sra; do
 drr=`basename $drr`; echo ${drr%.*}
 salmon quant -l A -i silkworm -1 ${drr}_1.fastq.gz -2 ${drr}_2.
fastq.gz -p $p -o output/$drr
done
```

Docker では下記の通り。

run-salmon.sh（Docker 版）

```
#!/bin/bash
p=8
for drr in */*.sra; do
 drr=`basename $drr`; drr2=${drr%.*}
 echo $drr2
 docker run -it -v `pwd`:/salmon combinelab/salmon:1.10.1 salmon
quant -l A -i /salmon/silkworm -1 /salmon/${drr2}_1.fastq.gz -2
/salmon/${drr2}_2.fastq.gz -p $p -o /salmon/output/${drr2}
done
```

GitHub ファイル取得

このファイル **run-salmon.sh** は、DrBonoDojo2 GitHubの 3-5ディレクトリに置いてある。 https://github.com/ bonohu/DrBonoDojo2/ blob/master/3-5/run- salmon.sh

2行目の p の値はスレッド数なので，より大きな値を設定できるマシンの 場合はその数字にしたほうが，プログラムの実行は早く終わる。ポイント は4行目に出ている `**basename $drr**` とシェル変数 **${drr%.*}** である。 3行目の for 文で **drr** という変数に例えば **DRR068894/DRR068894.sra** と いう値が入っているところを **drr=`basename $drr`** によってディレクト リ部分は除かれて，ファイル名（**DRR068894.sra**）だけになり，さらにファ イル名の **.sra** を切り取った値（**DRR068894**）が **${drr%.*}** に入ることに なる。例えば，**DRR068894.sra_1.fastq.gz** など，ファイル名がある一定 の規則で決まっているファイルを指し示せるようになっている。以上の内容 を **run-salmon.sh** というファイル名で保存し，実行する。

```
# バッチスクリプト実行
% sh run-salmon.sh
```

バッチスクリプトによる salmon の繰り返しの実行が無事終了したら，次 に今後のデータ解析に使う発現行列（expression matrix）をコマンドライ

ンで作成する。

```
# salmonの出力
% for drr in */*.sra; do
drr=`basename $drr`
cut -f4 output/${drr%.*}/quant.sf > output/${drr%.*}/quant.tpm
done
# 1番目（一番左）のカラムはIDなので，それを抽出
% cut -f 1 output/DRR068893/quant.sf > output/lefter.txt
# ファイル群を横方向に連結
% paste output/lefter.txt output/*/quant.tpm > output/kaiko_5tissues.txt

# 結果ファイルをみる
% less -S output/kaiko_5tissues.txt
Name            TPM         TPM         TPM         TPM         TPM         TPM        >
ICPK01000001.1  0.203142    0.146800    0.225562    0.071267    0.041020    0.062565  >
ICPK01000002.1  0.000000    0.000000    0.000000    0.000000    0.000000    0.000000  >
ICPK01000003.1  0.249875    0.240947    0.192262    0.093139    0.062212    0.029979  >
ICPK01000004.1  3.436460    0.000000    0.000000    0.000000    0.000000    0.000000  >
ICPK01000005.1  0.000000    0.000000    0.000000    0.000000    0.000000    0.000000  >
ICPK01000006.1  0.000000    0.000000    0.000000    0.000000    0.000000    0.000000  >
ICPK01000007.1  0.000000    0.000000    0.000000    0.000000    0.000000    0.000000  >
ICPK01000008.1  0.000000    0.000000    0.000000    0.000000    0.000000    0.000000  >
ICPK01000009.1  0.544722    0.710248    0.377909    0.000000    0.000000    0.000000  >
ICPK01000010.1  0.000000    0.000000    0.000000    0.000000    0.000000    0.000000  >
（以下略）
```

　何もしなければ，ヘッダ行が全部同じ「TPM」となってしまっているので，書き直す必要がある。このようにヘッダ行はきちんとチェックしないといけない。データを取り違えて解釈しないためには，この種の実験データのデータであるメタデータが非常に重要である。

```
# salmonの出力（メタデータを入れたバージョン）
% for drr in */*.sra; do
drr=`basename $drr`
 cut -f4 output/${drr%.*}/quant.sf | tail -n +2 > tmp.tpm
 echo ${drr%.*} > header.txt
 cat header.txt tmp.tpm > output/${drr%.*}/quant.tpm
done
```

```
# ファイル群を横方向に連結
% paste output/lefter.txt output/*/quant.tpm > output/
kaiko_5tissues2.txt

# 結果ファイルをみる
% less -S output/kaiko_5tissues2.txt
```

 主成分分析については，『Dr. Bonoの生命科学データ解析第2版』のp.157「主成分分析」も参照。

PCAの図を対話的に出さないのであれば，特にRStudioをインストールしなくてもR単体だけで以下のRのコードは実行可能である。

 統合TV

「RstudioでRを直感的に使おうMacOS版2017」
https://doi.org/10.7875/togotv.2017.043

これらの複数のデータポイントは，最終的には主成分分析（principal component analysis：PCA）で分類するとよい（図3.27）。PCAは，追加インストールなしのR上で実行できる。可視化を伴うRの計算の場合には，Rstudioを用いるのが便利であるので，RStudioを追加でインストールして*以下のコードを入力してみよう（Rstudioについては，統合TV などを参照）。

図3.27　主成分分析によるサンプルの解析　3回の繰り返し実験（triplicate）はほぼ同じ点として表現され，biological replicaの実験の再現性が非常によいことを示している。

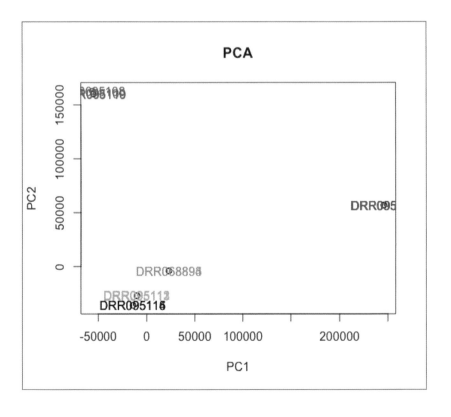

```
# RStudioを起動して以下のコードを入力していく
# 上部のメニューから「Session」→「Set Working Directory」→「Choose Directory」から現在作業しているディレクトリ（例えば/Users/bono/Downloads/datadojo）を選んでおく
> data <- read.table("output/kaiko_5tissues2.txt", header=TRUE, row.names=1,
sep="\t", quote="")  # タブ区切りのデータを読み込み
> data.pca <- prcomp(t(data))  # 主成分分析を実行
> names(data.pca)  # 名前を得る
[1] "sdev"     "rotation" "center"   "scale"    "x"
> data.pca.sample <- t(data) %*% data.pca$rotation[,1:2]  # 行列を転置
> plot(data.pca.sample, main="PCA")  #PCAの結果をプロット
> text(data.pca.sample, colnames(data), col = c(rep("red", 3), rep("blue",3),
rep("green",3), rep("cyan",3), rep("black",3)))  # ラベルをつけて，色づけ
> summary(data.pca)  # 寄与率を見る
Importance of components:
                          PC1       PC2       PC3       PC4       PC5
Standard deviation     1.107e+05 7.556e+04 4.632e+04 4.053e+04 915.60514
Proportion of Variance 5.633e-01 2.625e-01 9.864e-02 7.552e-02   0.00004
Cumulative Proportion  5.633e-01 8.257e-01 9.244e-01 9.999e-01   0.99994
                          PC6       PC7       PC8       PC9 PC10  PC11  PC12
Standard deviation     780.67875 452.05034 425.11355 382.87674  289 198.6 141.9
Proportion of Variance   0.00003   0.00001   0.00001   0.00001    0   0.0   0.0
Cumulative Proportion    0.99997   0.99998   0.99999   0.99999    1   1.0   1.0
                       PC13  PC14     PC15
Standard deviation     131.8 90.09 2.428e-10
Proportion of Variance   0.0  0.00 0.000e+00
Cumulative Proportion    1.0  1.00 1.000e+00
```

Jupyter notebook

プログラムはいきなり完成品ができるのではなく，試行錯誤して書き換えていくのが常である。そのための環境として，おもにPythonでの開発に向けてiPython notebookが開発され，使われてきた。これは図3.28にあるように，ターミナルのコマンドラインではなく，**ウェブブラウザ上で対話的にプログラムのコードを記載**しながらプログラム開発を行うツールである。現在では，Python以外の言語にも使えるようになり，名前もJupyter notebookとなってプログラム作成環境として利用されている。コメントなどもたくさん書けるので，コードを他の人に見せる際のツールとして広く使われている。編集したコードは自動的にファイルに保存され（この例の場合，**HN-ratio_log2.ipynb**），そのファイルを渡すことでコードの実行結果を共有することができる。なおこの例は，bonohulabの大学院生が低酸素ストレスの前後のトランスクリプトーム変動のメタ解析研究のために作成したもので，すでに出版された論文（https://doi.org/10.3390/biomedicines9050582）とともにGitHubに公開されているものである。

PCA を行うことで，RNA-Seq RUN の間の発現の類似性が一目でわかるようになる。また，第１主成分の寄与率は **5.633e-01** ＝ 0.5633 ＝ 56.3％で，第２主成分は **2.625e-01** ＝ 0.2625 ＝ 26.3％なので，第２主成分までの累積寄与率（cumulative proportion）は，82.6％になる。これはすべての遺伝子の発現値のベクトルを二次元で表現したときに情報の欠失が 17.4％しかなかったということを示している。同様に第３主成分まで入れると（第３主成分の寄与率が 9.86％なので），累積寄与率は 92.4％である。第３主成分までのたった三次元のベクトルで，情報の欠失が少ない，つまり多くの情報が保持されているということになる。主成分分析の結果を評価する際には，このように累積寄与率の値にも注意してみるようにすべきである。

図3.28　Jupyter notebook
Jupyter notebook形式でGitHubで公開されたPythonコードの実例。
`https://github.com/no85j/hypoxia_code/blob/master/CodingGene/HN-ratio_log2.ipynb` より作者の許可を得て転載。

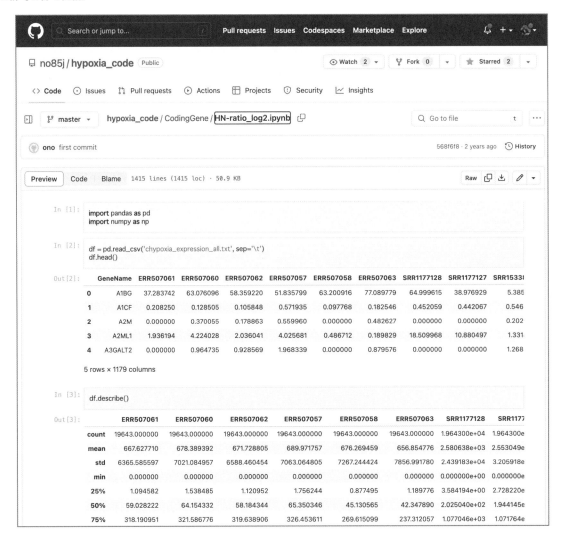

■ 参照ゲノム配列なしの RNA-seq 解析手法

参照ゲノム配列がない，もしくはあってもリファレンスとする品質に達した
ものが公開されていない場合には，それら抜きで RNA-seq データ解析する
必要がある。その手法が，*de novo* transcriptome assembly と呼ばれる手
法で，解読した RNA そのものの配列をつなぎ合わせてトランスクリプトーム
配列を作成する。具体的なデータ解析の流れは図3.29のとおりとなっている。

ここでは，前述したカイコの testis（精巣）から得られた配列データ
（**DRR068893**，**DRR068894**，**DRR068895**）を例に参照ゲノム配列なしの
RNA-seq データ解析の流れを説明する。

▶▶ *de novo* assemblyについ
ては，『Dr. Bonoの生命科学データ
解析第2版』のp.33も参照。

入力配列の品質管理

2020年代のショートリードシークエンサーから得られた配列は非常に質
が高くその必要もないレベルとなっているが，データ解析においては過去に
配列解読したデータを利用したりすることがある。特に，この参照ゲノム配
列なしの解析手法の場合には，配列の品質がかなり問題になるので，解析に
使用する配列は事前にトリミングと呼ばれる処理を行い，ある一定以上の品
質となるように品質管理（quality control：QC）を行う必要がある。
cutadapt によるトリミングと FastQC による QC を順にやってくれるプロ
グラム Trim Galore! の代わりに最近よく使われるようになってきた **fastp**
を使用する例を以下で紹介する。使った **fastp** のバージョンは，0.23.4
（Docker 版では 0.20.1）でまだバージョン1になっていないということもあ

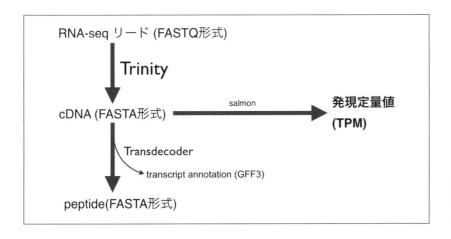

**図3.29　参照ゲノム配列なし
のRNA-seqデータ解析の流
れ**

り，今後仕様が大きく変わる可能性もあるので利用する際には注意が必要である。

```
# Biocondaによるfastpのインストール
% conda install fastp
# 出力先ディレクトリの作成
% mkdir fastp
# fastpのバッチ実行
% for drr in DRR068893 DRR068894 DRR068895; do
  fastp -i ${drr}_1.fastq.gz -I ${drr}_2.fastq.gz -o fastp/${drr}_1.
fq.gz -O ${drr}/${drr}_2.fq.gz -h fastp/${drr}_report.html -w 8
done
```

```
# Docker版の場合
# 出力先ディレクトリの作成
% mkdir fastp
# Dockerを使ったfastpのバッチ実行
% for drr in DRR068893 DRR068894 DRR068895; do
  docker run -it -v `pwd`:/d biocontainers/fastp:v0.20.1_cv1 fastp -i
/d/${drr}_1.fastq.gz -I /d/${drr}_2.fastq.gz -o /d/fastp/${drr}_1.
fq.gz -O /d/fastp/${drr}_2.fq.gz -h /d/fastp/${drr}_report.html -w 8
done
```

DRR068893 を例としてファイルやオプションの説明をする。まず入力ファイルはそれぞれ -i と -I オプションで DRR068893_1.fastq.gz と DRR068893_2.fastq.gz を指定している。次に出力結果の FASTQ ファイルはそれぞれ -o と -O オプションで fastp/DRR068893_1.fq.gz と fastp/DRR068893_2.fq.gz を指定している。-w オプションでスレッド数を指定している（この場合 8）。最後に fastp によるレポートのファイルは fastp/DRR068893_report.html と指定しており，この結果はウェブブラウザで開くことでその結果を閲覧できる。以下のコマンドで CLI から簡単に開くことができる。

```
# fastp reportファイルを開く(MacOS)
% open fastp/DRR068893_report.html
# fastp reportファイルを開く(WSL2)
% explorer fastp/DRR068893_report.html
```

　FASTQ ファイルは 1 つあたり数 G byte もありファイルサイズが大きいので，トリミング前の配列は消してしまっても問題ない。オリジナルのファイルは `.sra` 形式のファイルであるので，必要になればすぐに `fasterq-dump` で生成することができるからである。それらのファイルを一気に消す場合は，以下のコマンドを実行するとよい。

```
# 不要なFASTQファイルを消去
% rm DRR*.fastq.gz
```

その後の解析

　図 3.29 にあるように Trinity というプログラムを使って *de novo* transcriptome assembly を行うのであるが，この実行は時間もかかり高度な内容となるので本書では触れない。Trinity によって得られた転写配列セット（DNA 配列，FASTA 形式）は主に 2 種類の解析手法がある（図 3.29）。

　その一つが，DNA 配列となっているそれらのデータをタンパク質配列セットに翻訳することである（図 3.29 下）。これは 3.4 タンパク質構造解析の節で説明した TransDecoder によるタンパク質コード領域予測と同様なので，ここでは詳細を省略する。

　また，もう一つが，アッセンブルした配列に対してシークエンスリードをマップして発現定量を行うことである（図 3.29 右）。こちらは本節で説明した salmon を使う発現定量手法と全く同じなので，ここでは詳細を省略する。

3.6 データ統合解析

コマンドライン（CLI）でのデータ解析の有用性が光るのは，別の種類のデータを研究者の知識によって結びつける，データ統合解析においてであろう。特にデータの連結操作において，その威力を発揮する。公共データと手持ちのデータを連結することで，より解釈しやすいようにする方法について紹介する。

▌リファレンスデータセット

塩基配列やアミノ酸配列データだけがデータではない。その遺伝子がどういった機能をもつかなど，配列データには多くの情報がアノテーションされている。また，さまざまな組織においてどういった遺伝子発現プロファイルをもつか，これまでの行われた実験のデータをリファレンスとして用いることもできる。

そういったリファレンスとすべきデータセットはリファレンスデータセットと呼ばれ，データ解析をする上で非常に重要である。まずは，それらの情報にどういったものがあるのかを紹介する。

遺伝子アノテーションデータ

現代のデータ解析では，多くのデータはもはや自ら出したデータだけでは解釈できない。すなわち，自らのデータを，公共データベースに施された機能アノテーションに紐づけてデータ解析するのが定石である。その機能アノテーションのソースとしては，NCBI で維持管理されている RefSeq がよく使われている。

また，EBI で維持管理されている Ensembl は，生物種間比較を行う際に便利なリファレンスセットということで，Dr. Bono は日常的に使っている。Ensembl はゲノム配列解読がなされた高等真核生物に対して遺伝子，転写産物，タンパク質を中心にさまざまな生物学データが統合されているデータベースであり，公共 DB に登録されたデータがまとめられているため，再利用に適している。Ensembl の ID はヒトの場合，遺伝子は **ENSG** からはじまる 15

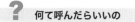

桁のID, 転写産物は **ENST**, タンパク質は **ENSP** からはじまる15桁のIDとなっており, IDをみただけでどの生物のどの種類のデータであるかがわかるようになっている。ヒトやマウスのRNA-seqデータ解析においてリファレンスデータセットとして使われることが多くなっているGENCODEのデータも, このEnsemblをもとに作られている。

　このEnsemblのデータ検索システムEnsembl BioMartは特に秀逸で, 必要なカラムだけを抽出して対応表データを対話的に生成できる (https://www.ensembl.org/biomart/martview)。Gene Ontology (GO) や予測されたタンパク質ドメインのアノテーション情報は, このEnsembl BioMartを使うことで遺伝子名などとの対応表を作成することができる。また, ヒトとマウスをはじめとしたさまざま生物種間のオーソロガス遺伝子 (オーソログ) 対応表も簡単に作成できる。APIもあるが, ウェブインターフェースを使って対話的にデータを取得してくるのがよいだろう。

　Ensembl BioMartではFiltersをかけなければ該当するデータ全てを取ってくることができるので, 必要なデータカラムだけ選択してあとは手元のCLIで操作することをおすすめする。ここでは, DatabaseとしてEnsembl Genes 109, DatasetとしてHuman genes (GRCh38.p13) を選んだのちに, Gene name以外にGO term accession, GO term name, GO term evidence code * を取ってきたデータを例に説明する。その4つにチェックを入れて, Export all results toでCompressed file (.gz) とTSVを選択し, Unique results onlyにチェックを入れてダウンロードする (図3.30および統合TV 参照)。

 何て呼んだらいいの
Ensembl BioMart
「アンサンブルバイオマート」

▷▷　オーソロガス遺伝子については, 『Dr. Bonoの生命科学データ解析第2版』のp.162「オーソログとパラログ」も参照。

GO evidence codeとはそのアノテーションの根拠となる情報で全てのアノテーションに付けられている (http://geneontology.org/docs/guide-go-evidence-codes/ 参照)。例えば, IDAはInferred from Direct Assayの略である (p.188参照)。

▶ 統合TV
「Ensembl BioMartの使い方」
https://doi.org/10.7875/togotv.2022.025

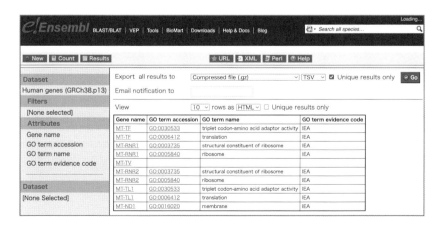

図3.30 Ensembl BioMartによるデータ取得

mart_export.txt.gz というファイルがダウンロードされるので，展開して中身を確認する。

```
% less -x 10 mart_export.txt
Gene name GO term accession    GO term name         GO term evidence code
MT-TF     GO:0030533           triplet codon-amino acid adaptor activity
 IEA
MT-TF     GO:0006412           translation     IEA
MT-RNR1   GO:0003735           structural constituent of ribosome    IEA
MT-RNR1   GO:0005840           ribosome   IEA
MT-TV
MT-RNR2   GO:0003735           structural constituent of ribosome    IEA
MT-RNR2   GO:0005840           ribosome   IEA
MT-TL1    GO:0030533           triplet codon-amino acid adaptor activity
 IEA
MT-TL1    GO:0006412           translation     IEA
MT-ND1    GO:0016020           membrane   IEA
MT-ND1    GO:0005739           mitochondrion     IEA
MT-ND1    GO:0005743           mitochondrial inner membrane   IEA
MT-ND1    GO:0005515           protein binding     IPI
MT-ND1    GO:0031966           mitochondrial membrane      IDA
MT-ND1    GO:0070469           respirasome     IEA
MT-ND1    GO:0022900           electron transport chain    IEA
（以下略）
```

　結果は指定した通りタブ区切りテキストとして出力される。出力結果を見ると第1カラム以外はデータがないものも含まれているが，後の処理で除かれるので気にしなくて良い。ここでは "GO:0061621 canonical glycolysis" がアノテーションされた遺伝子を抜き出してみる*。

Gene Ontology の検索はオリジナルのサイト http://gencontology.org などで可能である。

```
% grep GO:0061621 mart_export.txt | less -S
FOXK1    GO:0061621           canonical glycolysis     IDA
PFKL     GO:0061621           canonical glycolysis     IBA
HK2      GO:0061621           canonical glycolysis     TAS
PFKM     GO:0061621           canonical glycolysis     IBA
PFKM     GO:0061621           canonical glycolysis     IEA
FOXK2    GO:0061621           canonical glycolysis     ISS
FOXK2    GO:0061621           canonical glycolysis     IEA
PGAM2    GO:0061621           canonical glycolysis     IEA
```

```
ENO2    GO:0061621          canonical glycolysis     IEA
TPI1    GO:0061621          canonical glycolysis     IEA
PGK1    GO:0061621          canonical glycolysis     IEA
GCK     GO:0061621          canonical glycolysis     TAS
PFKP    GO:0061621          canonical glycolysis     IBA
HK1     GO:0061621          canonical glycolysis     TAS
HK1     GO:0061621          canonical glycolysis     IEA
HK3     GO:0061621          canonical glycolysis     TAS
PKM     GO:0061621          canonical glycolysis     IEA
ENO3    GO:0061621          canonical glycolysis     IEA
ENO1    GO:0061621          canonical glycolysis     IDA
ENO1    GO:0061621          canonical glycolysis     IMP
```

　さまざまな Evidence code で付けられているが，glycolysis に関係のある遺伝子が抽出できた。見ての通りいくつかの遺伝子は Evidence コードが複数あって，重複しているものもある。そこで遺伝子名だけを抽出するときに sort コマンドとオプション -u を使って以下のように遺伝子名だけのファイルを作成する。

```
% grep GO:0061621 mart_export.txt|cut -f1|sort -u >
GO:0061621.txt
```

　このように特定の GO term がアノテーションされた遺伝子リストを作成することができる。

遺伝子発現のリファレンスデータセット

　遺伝子発現に関しても，FANTOM や GTEx といった大規模な遺伝子発現解析によるデータセットが公開されており，再利用可能となっている。ライフサイエンス統合データベースセンター（DBCLS）が提供する RefEx（https://refex.dbcls.jp/）では，4 種類の発現定量手法による遺伝子発現データを公共データベースから集めており，遺伝子発現のリファレンスデータセットを提供している。それを使えば自らの発現データと比べることができる（参照）。RefEx のサイトから「ダウンロード」を選ぶと，各手法によるリファレンスデータセットがタブ区切りテキストとして用意されたダウンロードページにアクセスできる（図 3.31）。

？ 何て呼んだらいいの

FANTOM
「ファントム」
GTEx
「ジーテックス」
RefEx
「レフェックス」

 統合 TV

「RefEx の使い方」
https://doi.org/10.7875/
togotv.2014.009

図3.31　RefExのダウンロード画面

 統合 TV

「figshareの使い方」
https://doi.org/10.7875/
togotv.2016.034

　これらのデータはすべて figshare にアップされている。figshare とは，研究者が研究の過程で得た図表やその他の付随するデータをクラウド上で公開するシステムである。データを figshare で公開すると図 3.31 にあるように DOI (digital object identifier) が付与される。例えば，ヒトの CAGE (cap analysis of gene expression) データの場合，DOI として **10.6084/ m9.figshare.4028613** がついており，この ID の前に https://doi.org/ をつけた URL，https://doi.org/10.6084/m9.figshare.4028613 からそのデータに直接アクセスすることができる（参照）。

　このデータをダウンロードすると **RefEx_expression_CAGE_all_human_ PRJDB3010.tsv** というファイルができるが，カラム数（列の数）が非常に多い。このようにカラムが非常に多いデータは GUI では処理するのが困難で，コマンドラインで処理する必要がある。

　データ処理の手始めとしてまず，カラム数がいくつあるか，数えてみよう。先頭 1 行目はヘッダで，どういったサンプルであるかを記述した行である。その行を取り出し，タブを改行に変換して，行番号をつけてみてみることにしよう。今回は，**less** の **-N** オプションを使って表示する行に行番号を付けることで数えてみることにする。

```
# 先頭1行を切り出し，その出力にあるタブを全て改行文字に変換
% head -1 RefEx_expression_CAGE_all_human_PRJDB3010.tsv | perl -pe 's/\t/
\n/g' | less -N
1 NCBI_GeneID
2 acantholytic squamous carcinoma cell line:HCC1806
3 acute lymphoblastic leukemia (B-ALL) cell line:BALL-1
4 acute lymphoblastic leukemia (B-ALL) cell line:NALM-6
5 acute lymphoblastic leukemia (T-ALL) cell line:HPB-ALL
6 acute lymphoblastic leukemia (T-ALL) cell line:Jurkat
 （中略）
553 "thyroid, fetal"
554 "tongue, fetal"
555 "trachea, fetal"
556 "umbilical cord, fetal"
557 "uterus, fetal"
```

557 行，すなわちカラムとしては 557 列あることがわかる。最初のカラム
は **NCBI_GeneID** であるため，サンプルとしては 556 種類ということになる。

この RefEx の FANTOM5 ヒト CAGE データセットと，自ら測定した
RNA-seq データを統合することで発現データ比較を行った研究がある[3]。こ
の研究においては，この中の **69 colon carcinoma cell line:CACO-2**
と **514 "small intestine, adult"** を抜き出してデータ再利用を図って
いる。ここでは，この際に行った操作を例に，データの抜き出しを説明する。
前述のサンプル名にも付与してある行番号の数字を使って，**cut** コマンドで
簡単に抜き出すことができる。

3) Ichino F et al., Drug Discov Ther. 12, 7 (2018) https://doi.org/10.5582/ddt.2018.01004

```
# 69，514カラム目に加えて，遺伝子IDの入った1カラム目も入れてカラム抽出
% cut -f 1,69,514 RefEx_expression_CAGE_all_human_PRJDB3010.tsv >
RefEx_1-69-514.txt
# 抽出結果を見る
% less -x 34 RefEx_1-69-514.txt
NCBI_GeneID     colon carcinoma cell line:CACO-2      "small intestine, adult"
2               0                                     5.328501761
9               2.264107988                           2.66382864
10              0.448149231                           3.766170637
12              0.991857044                           2.910402332
13              0.353511395                           5.247833542
 （以下略）
```

　必要な組織の発現値だけ抜き出したファイルと自ら測定した RNA-seq
データを対応づけることで，より情報量が増えて遺伝子機能解析に役立つデー
タセットとなる。

▌ ID による連結

　「3.5 トランスクリプトーム解析」においては，定量した発現データを単に
横方向に貼りつける操作を説明したが，ほとんどのデータ解析においては，
それではデータをつなげていくことはできない。同じ ID をもったデータを対
応づけて連結する必要があるのだ。

ID の包含関係

ここで利用した各種ストレ
スのメタ解析は以下の論文
発表で報告されたデータに
基づいている。
1. 低酸素ストレス https://
doi.org/10.3390/
biomedicines9050582
2. 酸化ストレス https://
doi.org/10.3390/
biomedicines9121830
3. 熱 ス ト レ ス https://
doi.org/10.3390/
ijms241713444

　連結する前処理として，連結する対象の ID について調べる必要がある。そ
の一番簡単な例は，ID のリストどうしの包含関係を調べることである。先に
も述べたように，抽出した ID は他のものと比べるためには重複した ID がな
いよう，unique にする必要がある。ここでは先に Ensembl Biomart で得た
GO:0061621 のアノテーションが付与された遺伝子群や各種ストレスで発現
が上昇するとメタ解析の結果報告＊されている遺伝子リストを使ってその包
含関係を調べる例で紹介する。

```
#  先頭1行を飛ばし，遺伝子リストをsortし重複を除き，新たな遺伝子リストを作成する
%  tail -n +2 hypoxiaUP.txt|sort -u > hypoxiaUP_u.txt
#  2つの遺伝子リストを連結，出てくる回数を数える
%  cat GO:0061621.txt hypoxiaUP_u.txt|sort|uniq -c|sort -rn|less
      2 TPI1
      2 PFKP
      2 HK2
      2 ENO2
      2 ENO1
      1 ZNF654
      1 ZNF395
      1 ZNF292
      1 ZNF160
      1 WSB1
（以下略）
```

　`sort -u` は `sort` した上で `uniq` コマンドをかける，`GO:0061621.txt` を作成した際のコマンドと同じ意味である。また，最後の行の `uniq -c` は重複の回数を数える便利なオプションであるが，入力はソートされている必要がある。この結果から，`TPI1, PFKP, HK2, ENO2, ENO1` の 5 つの遺伝子は 2 つの遺伝子リストに共通して現れる遺伝子ということがわかる。

　この手法は比較する遺伝リストが 3 つ，4 つ，…と増えていっても利用可能である。ただ，3 つ以上になった場合は，2 つのリストにあると報告された遺伝子は，これだけではどのリストにあった遺伝子かは見分けがつかない。そこで，この包含関係を可視化する手段として用いられるのがベン図（Venn diagram）で あ る。Calculate and draw custom Venn diagrams（`http://bioinformatics.psb.ugent.be/webtools/Venn/`）というウェブツールがあり，ID リストをアップロードするとベン図を作成してくれる。例えば，低酸素，酸化，熱の 3 種類のストレスによって発現が上昇するとメタ解析で報告されている 3 つの遺伝子リストのファイル（`HypoxiaUP.txt`, `OxidativeUP.txt`, `HeatUP.txt`）をアップロードすると図 3.32 のようなベン図が自動的に描画される。

データ連結の実際

　まず，利用したいデータがどういった ID で記述されているのかを知る必要がある。RefEx のデータは，NCBI GeneID となっていて，前述の `mart_export.txt` には GeneName しかなく，そのままでは結合できない。この際にも Ensembl Biomart が活躍する。この場合には，Ensembl Biomart のサイトにアクセスして，Database に `Ensembl Genes 109`，Dataset に `Human Genes (GRCh38.p13)` を選んで，Attributes で `Gene name`（遺伝子名）に加えて，`NCBI gene ID` を選択してデータを再度抽出してみる（この例では，データの並び順は，Gene name，NCBI gene ID となっている）。抽出したファイルは，`mart_export3.txt` と名前をつける。

　このファイルを使って，p.191 で抽出した遺伝子発現データを連結してみよう。

　まずは，UNIX コマンドの `join` で成し遂げるやり方を説明する。このコマンドは実行する前に連結する 2 つのファイルを `sort` して並び替えておく必

要がある。ここでは，両方とも NCBI gene ID でソートする。

図3.32　ベン図によるデータ
セットの重なり具合の可視化
Calculate and draw custom
Venn diagrams (`http://
bioinformatics.psb.
ugent.be/webtools/
Venn/`) というウェブツールを
用いると，ベン図と同時に下の
表のような，どういったIDが
共通していたか，各IDがどの
カテゴリーに含まれるかと
いった包含関係も示してくれ
るので大変便利である。

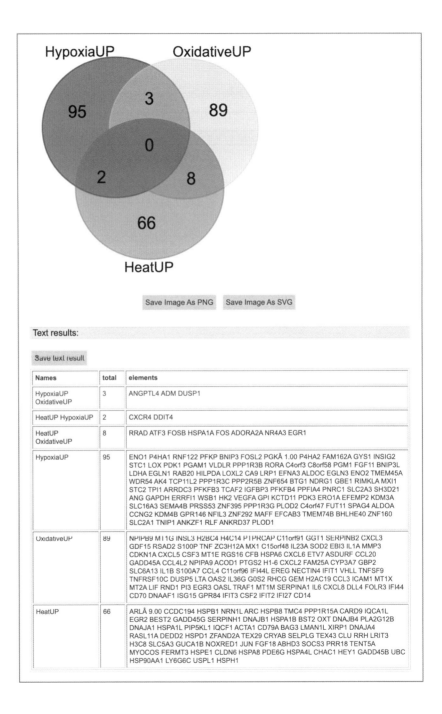

Names	total	elements
HypoxiaUP OxidativeUP	3	ANGPTL4 ADM DUSP1
HeatUP HypoxiaUP	2	CXCR4 DDIT4
HeatUP OxidativeUP	8	RRAD ATF3 FOSB HSPA1A FOS ADORA2A NR4A3 EGR1
HypoxiaUP	95	ENO1 P4HA1 RNF122 PFKP BNIP3 FOSL2 PGKÂ 1.00 P4HA2 FAM162A GYS1 INSIG2 STC1 LOX PDK1 PGAM1 VLDLR PPP1R3B RORA C4orf3 C8orf58 PGM1 FGF11 BNIP3L LDHA EGLN1 RAB20 HILPDA LOXL2 CA9 LRP1 EFNA3 ALDOC EGLN3 ENO2 TMEM45A WDR54 AK4 TCP11L2 PPP1R3C PPP2R5B ZNF654 BTG1 NDRG1 GBE1 RIMKLA MXI1 STC2 TPI1 ARRDC3 PFKFB3 TCAF2 IGFBP3 PFKFB4 PPFIA4 PNRC1 SLC2A3 SH3D21 ANG GAPDH ERRFI1 WSB1 HK2 VEGFA GPI KCTD11 PDK3 ERO1A EFEMP2 KDM3A SLC16A3 SEMA4B PRSS53 ZNF395 PPP1R3G PLOD2 C4orf47 FUT11 SPAG4 ALDOA CCNG2 KDM4B GPR146 NFIL3 ZNF292 MAFF EFCAB3 TMEM74B BHLHE40 ZNF160 SLC2A1 TNIP1 ANKZF1 RLF ANKRD37 PLOD1
OxidativeUP	89	NPIPB9 MT1G INSL3 H2BC4 H4C14 PTPRCAP C11orf91 GGT1 SERPINB2 CXCL3 GDF15 RSAD2 S100P TNF ZC3H12A MX1 C15orf48 IL23A SOD2 EBI3 IL1A MMP3 CDKN1A CXCL5 CSF3 MT1E RGS16 CFB HSPA6 CXCL6 ETV7 ASDURF CCL20 GADD45A CCL4L2 NPIPA9 ACOD1 PTGS2 H1-6 CXCL2 FAM25A CYP3A7 GBP2 SLC6A13 IL1B S100A7 CCL4 C11orf96 IFI44L EREG NECTIN4 IFIT1 VHLL TNFSF9 TNFRSF10C DUSP5 LTA OAS2 IL36G G0S2 RHCG GEM H2AC19 CCL3 ICAM1 MT1X MT2A LIF RND1 PI3 EGR3 OASL TRAF1 MT1M SERPINA1 IL6 CXCL8 DLL4 FOLR3 IFI44 CD70 DNAAF1 ISG15 GPR84 IFIT3 CSF2 IFIT2 IFI27 CD14
HeatUP	66	ARLÂ 9.00 CCDC194 HSPB1 NRN1L ARC HSPB8 TMC4 PPP1R15A CARD9 IQCA1L EGR2 BEST2 GADD45G SERPINH1 DNAJB1 HSPA1B BST2 OXT DNAJB4 PLA2G12B DNAJA1 HSPA1L PIP5KL1 IQCF1 ACTA1 CD79A BAG3 LMAN1L XIRP1 DNAJA4 RASL11A DEDD2 HSPD1 ZFAND2A TEX29 CRYAB SELPLG TEX43 CLU RRH LRIT3 H3C8 SLC5A3 GUCA1B NOXRED1 JUN FGF18 ABHD3 SOCS3 PRR18 TENT5A MYOCOS FERMT3 HSPE1 CLDN6 HSPA8 PDE6G HSPA4L CHAC1 HEY1 GADD45B UBC HSP90AA1 LY6G6C USPL1 HSPH1

```
# 第2カラムでソートして別ファイルに保存
% sort -k2 mart_export3.txt > mart_export3_s.txt
# 第1カラム（デフォルト）でソートして別ファイルに保存
% sort RefEx_1-69-514.txt > RefEx_1-69-514_s.txt
# ソートした2つのファイルをjoinで連結
% join -1 2 mart_export3_s.txt RefEx_1-69-514_s.txt > RefEx_1-69-514_with_
genename.txt
# 4番目のカラムの数値で降順ソートして連結した結果を見る
% sort -k4 -rn RefEx_1-69-514_with_genename.txt | less
229 ALDOB 0.448149231 9.671637002
290 ANPEP 1.57205436 9.17504184
337 APOA4 1.378366645 9.078263523
1670 DEFA5 0 9.02053661
567 B2M 5.79242899 8.509110284
60 ACTB 8.086497365 8.452748739
2168 FABP1 3.536873448 8.329141623
7178 TPT1 8.034366145 8.193206852
972 CD74 4.1281746 8.074404168
3512 JCHAIN 0 8.041595886
5284 PIGR 0 8.041123924
338 APOB 4.534342088 7.896025601
2169 FABP2 0 7.884265335
1671 DEFA6 0.132214463 7.874099011
56667 MUC13 1.873764832 7.83627845
5948 RBP2 3.674984247 7.810329411
2512 FTL 7.580128871 7.768956922
3960 LGALS4 0.24897202 7.762182107
71 ACTG1 7.591322958 7.761590818
（以下略）
```

　この例では抜き出してから，さらに第4カラム（**colon carcinoma cell line**: CACO-2 の発現値）で降順に並び替えることで，高発現の遺伝子から順にリストされるようになっている。

　また，複数の文字列をパターンとして検索したい場合には，**grep** の代わりに **fgrep** を用いるとよい。パターンリストのファイル（**patternlist. txt**）は改行区切りで，以下の例のように **-f** でそのファイル名を指定して実行する。

Dr. Bono から

実は **grep** にも **-f** オプションはある。こちらを使って実行するやり方でももちろんよい。

```
# パターンリストのファイルを確認
% cat patternlist.txt
ALDO
HIF
PPAR
# ALDOまたはHIFまたはPPARという文字を持つ行だけ抽出
% fgrep -f patternlist.txt RefEx_1-69-514_with_genename.txt | sort -k4 -rn | less
229 ALDOB 0.448149231 9.671637002
226 ALDOA 6.023212336 6.221699133
6888 TALDO1 5.06999849 4.50303226
3091 HIF1A 4.60746611 4.271295538
10891 PPARGC1A 0 3.936527833
133522 PPARGC1B 2.219038051 3.636702131
5465 PPARA 0.938006738 3.31872422
55662 HIF1AN 3.727338615 3.228140204
5468 PPARG 2.015201814 3.174745236
230 ALDOC 2.321205614 2.931196759
64344 HIF3A 1.224658046 2.827187967
5467 PPARD 1.873764832 2.789967047
（以下略）
```

次に，ちょっとしたプログラミングで同じことを実現するやり方を紹介する。ハッシュと呼ばれるデータ型を利用する方法で，このようなデータを連結する際には頻繁に用いられる。その場合の Perl のコード（**join.pl**）は以下のとおりである。

join.pl

```
#!/usr/bin/env perl
my $file = shift(@ARGV); # 記憶するファイル名を指定
open(FILE, $file) or die "$!\n"; # ファイルを開く
while(<FILE>) { # ファイルを1行づつ処理する
        chomp; # 行末の改行文字を取り除く
        my($value,$id) = split(/\t/); # タブでファイルを切って，第1カラムを$value，第2カラムを$idに
代入
        $valueof{$id} = $value; # ハッシュで記憶させる
}
close FILE; # ファイルを閉じる

while(<STDIN>) { # 標準入力から1行づつ処理する
        chomp;
        my($id) = split(/\t/); # タブでファイルを切って，第1カラムに代入
        print "$valueof{$id}\t$_\n"; # $idをキーに上で記憶したデータを引き出して同時に表示
}
```

これをコマンドラインから実行するには以下のようにする。

```
# join.plの実行
% perl join.pl mart_export3.txt < RefEx_1-69-514.txt
```

Perl によるこちらのメリットは，**sort** する必要がなく，また出力がカスタマイズできることである。そういったこともあり，何でも UNIX コマンドでやる派の Dr. Bono でも，この種の操作は後者の Perl のプログラムを使うことが多い。

連結するための処理

前述の例では必要なかったが，システマティックな ID の変換処理が必要となることもある。

バージョン情報つきの DDBJ/ENA/GenBank ID（例えば，**BC012527.2**）や Ensembl の ID（例えば，**ENSG00000198763.3**）は，バージョンが違うだけで連結できない場合を排除するため，ID を連結する際にはバージョン情報をトリミングしたほうがよい。バージョン情報を削るには，2.5 節で例に出したバージョンつきの ID も含まれた，改行区切りで書かれたファイル **entries.txt** に対して以下のようにすればよい。

```
# バージョン情報をトリミング※
% perl -i~ -pe 's/^(\w+)\.\d+/$1/' entries.txt
```

また，TransDecoder を実行した際に得られる配列の ID に関しても，「3.4 タンパク質構造解析」でも述べたように **.p1** などがもとの ID に対して付与されている。そういった事情を知らないと，例えば特定のドメインをもつタンパク質配列のもとの塩基配列を探す際にまったく対応がつかないという事態に陥る。

具体的な例を出そう。TransDecoder で変換した ID が以下のように改行区切りで書かれたファイルであったとする。

```
# TransDecoderによって作成されたタンパク質のアミノ酸配列のIDを元の塩基配列のIDに変換
% less Enolase_C-IACV01.txt
IACV01121558.1.p2
IACV01121559.1.p2
IACV01093882.1.p2
IACV01087655.1.p1
IACV01121563.1.p1
```

このIDリストに対して，TransDecoderを実行する前のもとのIDに復元するには以下のようにすればよい。

```
# バージョン情報をトリミング
% perl -i~ -pe 's/^(\w+)\.p\d+/$1/' Enolase_C-IACV01.txt
```

改行区切りのIDリストではなく，TransDecoderで得たFASTA形式ファイルのIDを直接変換する場合は，以下で可能である。

```
# バージョン情報をトリミング（FASTA形式ファイルのヘッダ編）
% perl -i~ -pe 's/^\>(\w+)\.p\d+/\>$1/' IACV01.1.fsa_nt.transdecoder.pep
```

しかしながら「3.4 タンパク質構造解析」で述べたように，1つの転写配列から複数のタンパク質アミノ酸配列が予測されている場合もあり，同じIDのアミノ酸配列が複数できる危険性があるので，実行する際には注意が必要である。

一対多のデータ処理

単純な一対一のIDの連結ならこういったやり方でよいのだが，1つのIDに対して複数の他のDBのエントリが対応する状況（一対多）がままある。まず，現在のデータがどういう状況になっているかを把握するために，IDだけを抽出して重複を除いて数えることからはじめよう。

```
#  第1カラムだけ抜き出して，ファイルの行数を数える
% cut -f 1 RefEx_1-69-514.txt | wc -l
18503
#  第1カラムだけ抜き出し，ソート＆重複を除いて，新たなファイルに書き込む
% cut -f 1 RefEx_1-69-514.txt | sort -u > RefEx_1uniq.txt
#  再度，ファイルの行数を数える
% wc -l RefEx_1uniq.txt
18503
```

　この例の場合，同じ値（**18503**）が返ってきたので，重複はおそらくはないということになる。

　このようにチェックが必要なのは，重複したデータがあるとデータ連結する際に問題となるからである。同じ ID に対応するデータが複数あると，前述の Perl のスクリプトをそのまま実行するとデータが失われる状況となる。データを失わないようにデータ連結するためには，スプレッドシートの行数が増え，複数回出てくるエントリが生じるのである。そのスプレッドシートから特定のカラムだけ抜き出す作業をするとどうしても重複する行が出てくる。この際に同じ内容の行を消す作業が必要となる。それもあって Dr. Bono は，TIBCO Spotfire という Business Intelligence(BI)ツールを使って ID をキーにしたデータ連結を行い，それに続くデータの可視化を行うことも多い（`https://www.tibco.com/products/tibco-spotfire`）。Spotfire の使い方など詳細は，統合 TV などを参照されたい（参照）。

▌ ゲノム上の座標による連結

　ここまでデータベースにすでに割り当てられた ID をマッチさせる話ばかりしてきたが，データ統合のやり方としてはそれだけではない。ゲノム上の座標の情報を使って，近くにあるものはないかといったことを探すことも，もちろん可能である。

　例えば，ChIP-seq の結果はゲノム座標で出力されるため，既知遺伝子の転写開始点からの距離が 5 kb 未満のところを探すなどという使い方が考えられる。「3.2 配列類似性検索」で作成した HIF1A の ChIP-seq 結果 **HIF1A_hg38_lo.bed** を使って，ピークのあった領域の 5 kb 近傍に E-box（**CACGTG**）がないか，調べてみよう。3.2 節ではピーク領域のゲノム座標情報から塩基

何て呼んだらいいの

Spotfire
「スポットファイアー」

　統合 TV

「Spotfire を用いた公共マイクロアレイデータとローカルなデータの統合 2019」
`https://doi.org/10.7875/togotv.2019.060`

「Spotfire Cloud の使い方」
`https://doi.org/10.7875/togotv.2017.036`

配列を抽出する方法を説明したので, もちろんそれを応用し前後 5 kb の塩基配列を抽出してその中に E-box がないかどうか調べるやり方も可能である。ここではそうではなく, GGGenome という超絶高速にゲノム中のこの種のパターンを検索して結果を返してくれるサービスから得られるゲノム座標によってデータを連結してみよう (⦿参照)。

hg38 の GGGenome のウェブサイト (https://gggenome.dbcls.jp/hg38/) で, `CACGTG` を検索して結果を得ればよい。約 30 万箇所, hg38 のヒトゲノム中には E-box との完全マッチがあることが瞬時にわかる*。また, E-box のパターンはパリンドローム配列* (`CACGTG`) なので, ゲノム配列検索は＋鎖と－鎖の両方でなく, 片側だけで事足りるので, ＋鎖だけを検索すればよい (https://gggenome.dbcls.jp/hg38/+/CACGTG)。これを BED 形式のファイルとするには, 前述の URL に `.bed` をつけるだけで得られる。

```
# GGGenomeの結果をBED形式で保存
% curl -O http://gggenome.dbcls.jp/hg38/+/CACGTG.bed
```

`CACGTG.bed` という名前のファイルで結果が BED 形式で得られる。これら 2 つのファイル (`HIF1A_hg38_lo.bed` と `CACGTG.bed`) を使って, ゲノム座標での ChIP-seq ピークの周辺領域と E-box の重なりを探し求めることが可能である。

sayamatcher.pl

```perl
#!/usr/bin/env perl
my $chr = shift(@ARGV);
my $file = "HIF1A_hg38_lo.bed";
my $range = 5000;
my %peak ;
open(FILE, $file) or die "$file:$!\n";
while(<FILE>) {
    chomp;
    my ($chrchr, $start,$stop) = split(/\t/);
    if($start > $stop) {
        print STDERR "invalid entry $_\n";
        exit 1;
    }
```

```
    if($chr eq $chrchr) {
        for my $i ($start-$range..$stop+$range) {
            $peak{$i} = $i;
        }
    }
}
close FILE;

while(<STDIN>) {
    chomp;
    my ($chrchr, $start,$stop) = split(/\t/);
    next unless($chr eq $chrchr);
    if(defined($peak{$start}) or defined($peak{$stop})) {
        print "$chrchr\t$start\t$stop\n";
    }
}
```

　以上のコード（**sayamatcher.pl**）は各染色体ごとに実行する必要がある。
ゲノム全体に対してすべて検索するには，以下のようなシェルスクリプト
（**sayamatcher.sh**）から実行する。

sayamatcher.sh

```
#!/bin/sh
# 染色体ごとに実行するためのコマンド
% for i in `seq 1 22` X Y; do
 perl sayamatcher.pl chr$i < CACGTG.bed
done
```

GitHub ファイル取得

このファイル**sayamatcher.
sh**は, DrBonoDojo2 GitHubの
3-6ディレクトリに置いてある。
https://github.com/
bonohu/DrBonoDojo2/
blob/master/3-6/
sayamatcher.sh

　実際の実行結果は以下のとおりである。

```
% sh sayamatcher.sh
chr1    628676   628682
chr1    636896   636902
chr1    8878326 8878332
chr1    8878372 8878378
chr1    8878452 8878458
chr1    8879279 8879285
chr1    8879477 8879483
chr1    8883922 8883928
```

◁◁◁　Galaxyについては，『Dr.
Bonoの生命科学データ解析第2
版』のp.197も参照。

　　上記のようなプログラムを書く代わりに，Galaxy（https://usegalaxy.
org/）という GUI のゲノム配列データ解析環境を使ってこの種のゲノム座標
による演算をすることも可能である。

コマンド索引

本書内で使われているコマンドと，利用した機能を示した。

用語索引

欧文，和文の順に掲載。c はコラム，t は表を表す。

和文索引

著者紹介

Dr. Bono こと，坊農秀雅（Dr. Hidemasa Bono）

広島大学大学院統合生命科学研究科／ゲノム編集イノベーションセンター 教授
大学共同利用機関法人 情報・システム研究機構 データサイエンス共同利用基盤施設
ライフサイエンス統合データベースセンター（DBCLS）客員教授
京都大学博士（理学）

2020年4月，広島大学ゲノム編集先端人材育成プログラム（卓越大学院プログラム）においてバイオインフォマティクスを教える特任教員に転職。これまでの公共データベースを作成・維持し普及する立場から，その使い方を教えながら自らも使い倒す側になった。

しかし前職とは異なり自らが研究室主宰者（PI）としてゲノム情報科学研究室（bonohulab）を立ち上げ，遺伝子機能解析のツールとして広く使われるようになってきているゲノム編集で必要とされるデータ解析基盤技術を開発し，バイオインフォマティクス手法を駆使した遺伝子機能解析を行っている。

産官学連携の「共創の場」となるべく，有用物質生産生物のゲノム編集に必要なゲノム解読やトランスクリプトーム測定が可能となるようなウェットラボもセットアップし，これまでのアカデミアの共同研究者たちに加えてゲノム編集を利用していきたい企業との共同研究も広く手がけようとしている。

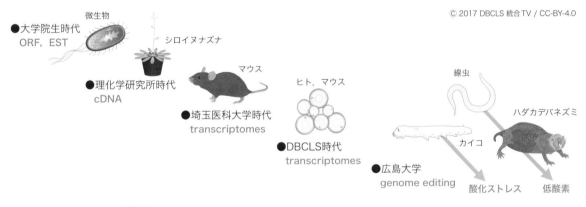

●大学院生時代　ORF，EST　微生物
●理化学研究所時代　cDNA
シロイヌナズナ
●埼玉医科大学時代　transcriptomes　マウス
ヒト，マウス
●DBCLS時代　transcriptomes
●広島大学　genome editing
線虫
ハダカデバネズミ
カイコ
酸化ストレス　低酸素

1995年　東京大学教養学部 卒業
2000年　京都大学大学院理学研究科生物物理専攻博士後期課程 単位取得退学後，理学博士
2000年　理化学研究所 横浜研究所 ゲノム科学総合研究センター 遺伝子構造・機能研究グループ 基礎科学特別研究員
2003年　埼玉医科大学ゲノム医学研究センター 助手，その後講師，助教授を経て，准教授
2007年　情報・システム研究機構ライフサイエンス統合データベースセンター（DBCLS）特任准教授
2020年　広島大学大学院統合生命科学研究科 特任教授，その後2023年より教授

DBCLSにjoinするまでのキャリアパスは ⬤ 統合TVも参照。
「生命科学分野のデータベースを統合する仕事：落ちこぼれ大学生が .DB（Doctor of the database）にいたるまで」
https://doi.org/10.7875/togotv.2010.007

なお，本書の正誤表は，以下のURLから公開されている。
https://www.medsi.co.jp

Twitterで #drbonodojo ハッシュタグをつけて呟くと，Dr. Bonoからの返信があるかもよ。

生命科学者のための
Dr. Bono データ解析道場 第2版
全パソコン対応でスグに使える ずっと使える

定価：本体 3,200 円＋税

2019 年 9 月 26 日発行　第 1 版第 1 刷
2023 年 12 月 5 日発行　第 2 版第 1 刷 ⓒ

著　者　　坊農　秀雅
　　　　　ぼうのう　ひでまさ

発行者　　株式会社　メディカル・サイエンス・インターナショナル

　　　　　代表取締役　金子　浩平
　　　　　東京都文京区本郷 1-28-36
　　　　　郵便番号 113-0033　電話（03）5804-6050

　　　　　組版：日本制作センター
　　　　　印刷：三報社印刷
　　　　　装丁・イラスト：ウチダヒロコ

ISBN 978-4-8157-3088-8　C3047